主动权

如何在工作和生活中掌控先机

张亮 著

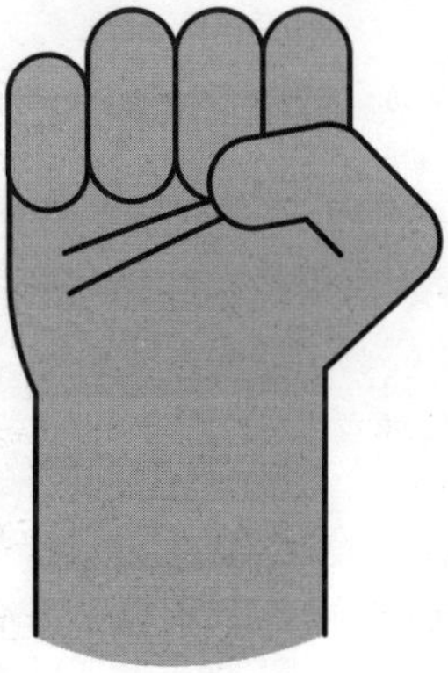

北京时代华文书局

图书在版编目（CIP）数据

主动权 ： 如何在工作和生活中掌控先机 / 张亮著
. -- 北京 ： 北京时代华文书局，2024.7
ISBN 978-7-5699-5507-1

Ⅰ.①主… Ⅱ.①张… Ⅲ.①成功心理－通俗读物
Ⅳ.①B848.4-49

中国国家版本馆 CIP 数据核字（2024）第 107889 号

Zhudongquan: Ruhe Zai Gongzuo He Shenghuo Zhong Zhangkong Xianji

出 版 人：陈　涛
选题策划：王　生
责任编辑：王　婷
责任校对：初海龙
装帧设计：仙境设计
责任印制：刘　银

出版发行：北京时代华文书局 http://www.bjsdsj.com.cn
北京市东城区安定门外大街 138 号皇城国际大厦 A 座 8 层
邮编：100011　电话：010-64263661　64261528
印　　刷：三河市京兰印务有限公司　电话：0316-3653362
开　　本：710 mm×1000 mm　1/16　　成品尺寸：165 mm×235 mm
印　　张：12　　字　　数：168 千字
版　　次：2024 年 7 月第 1 版　　印　　次：2024 年 7 月第 1 次印刷
定　　价：58.00 元

序 言

美国著名组织心理学专家吉莉安·西格尔为了完成《到达彼处：导师之书》这部著作，深度采访了包括巴菲特、布隆伯格以及哈佛商学院院长尼汀·诺瑞亚等30位不同领域的成功人士，最后她发现这些顶尖人物没有一位是站在原地等待被人发掘的，于是她这样总结道："世界从来不会按这个套路运行，如果你想要得到某些东西，你就要想尽一切办法让它（成功）发生。"

那么，有什么办法能让成功发生呢？掌握主动权。

人生是一段漫长的旅程，充满机遇也充满挑战。虽然我们都盼望"当幸福来敲门"这种事发生在自己身上，但现实终究是残酷的，对大多数人来说，不主动出击就意味着被动失去甚至被动挨打。只有掌握了人生的主动权，才能让我们在心态上变得自信，在行动上变得果决，在视野上变得宽阔，在结果上变得圆满。

掌握主动权，就能抓牢命运的船舵。那么，如何掌握主动权呢？

首先，我们要具备自我认知能力，只有了解自己的长处和短板，才能更好地规划未来的人生；其次，树立正确的目标，包括但不限于职场、创业、社交、合作、婚恋等多个领域，方向正确才能确保行动轨迹不偏离预期；再次，要保持平和的心态，顺境中不得意自满，逆境中不自暴自弃，如此才能在瞬息万变中抓住机遇；最后，提高专业能力和综合素质，唯有不断精进和成长，才能在竞争激烈的环境中保持优势、充满活力。

掌握人生主动权，是一件看似简单实则需要花费时间和精力去谋划的事情，它需要我们在战略层面开启理性视角，胸怀宏伟格局，也需要我们在战术层面采取针对性策略，掌控推进节奏。从这个角度看，掌控主动权需要建立“主动意识”，培养“主动思维”，这是贯穿思考、谋划、执行、交互、校正、复盘等多个环节的独特认知能力，并非依靠强化行动力、塑造求胜欲就能修炼而成的。这种能力需要在行动中通过不断试错逐步提升。它帮助我们更加自信、勇敢地面对生活的挑战，从而实现人生目标和价值理想。

本书以细致的分类和严格的逻辑，划分出十个章节，分别阐述不同领域对主动权的分析理解和实操指导，既有务虚层面的战略规划和战术运用，也有务实层面的职场妙招和销售宝典，囊括了从自我认知到团队合作再到恋爱社交等多个维度，几乎指向了人生旅途中的各个“站点”，以生动鲜活的事例和条理清晰的法则激活读者的“主动权意识”，以短小精悍的文章和见解独到的分析开启读者心智，让更多的人不再盲从盲动、随波逐流，而是原地觉醒、主动作为，让人生之路绽放出绚烂华丽的光彩。

CONTENTS

目录

第1章

决胜密码：主动权换胜率最大化

第2章

战略布局：主动赋能张力

第3章

战术法则：主动指导实践

第4章

个人提升：主动权驾驭术

第5章

职场兵法：主动创造高效

第6章

谈判杀招：主动碾压真诚

第7章

销售奥术：主动权优化算法

第8章

合作法门：不主动即出局

第 9 章

情感点拨：主动是幸福的筹码

第 10 章

纵横人生：主动权就是生命力

第1章

决胜密码：

主动权换胜率最大化

01

逆转攻势：

掌握主动，占据先机

第二次世界大战结束后，有着“汽车王国”之称的美国不仅垄断了国内的汽车市场，也在全世界的汽车市场中占据了统治地位。然而进入 20 世纪 80 年代后，日本的汽车工业逐渐拉近了和美国的距离，甚至实现了反超。1986 年，根据美国《幸福》杂志统计，日本的汽车公司在当年全球 20 家顶尖汽车公司中占据 9 个席位，而在美国市场上，每售出 4 辆汽车就有 1 辆来自日本。

日本汽车是如何掌握竞争主动权的呢？原来，在二战结束后，日本就认定汽车行业在未来会有巨大的发展前途，因此将发展汽车工业作为未来的出口发力点。日本经过市场调查和研究发现，随着交通道路的拥挤和消费观念的变化，一部分美国人对汽车的需求和过去不同，他们不再喜欢那种大型的、豪华的汽车，反而对小型的、经济型的汽车越发青睐。日本汽车产业的龙头之一丰田公司，根据美国人的这种需求变化，设计了小巧价廉的汽车，产品很快就在美国市场上赢得了消费者的喜爱，而日本的另一家龙头汽车企业日产公司，也针对美国汽车的缺点和消费者的需求变化推出了著名的蓝鸟牌汽车，成功打入美国市场。

对于日本汽车的攻城略地，美国车企几乎毫无还手之力，其中一个重要因素在于美国车企一直沉浸在大型豪华轿车带来的高额利润的刺激中，没有及时察觉消费者需求的变化，同时加上对日本汽车的轻视，没有进行严防死守，结果使自己陷于被动状态，让日本汽车成功打入小型汽车市场。等美国车企幡然醒悟，想把日本汽车挤出美国市场，为时已晚。

日本汽车敢于向美国叫板并杀出一条血路，在于其主动发现消费者的痛点，提前布局，精心设计，因此成为商战中“反客为主”的经典范例。

我们常说“机会只留给有准备的人”，但是，真正的机会从来不是依靠观望和等待获得的，而是需要主动出击，通过我们的努力和行动去创造。对于个人来说，掌握主动权尤为重要。在工作中，主动权会让你先人一步；在感情中，主动权会让你俘获对方；在社交中，主动权会让你成为焦点。总而言之，在这个充满竞争和机遇的世界，谁愿意拿出勇气主动追求、主动发掘，谁就有资格抓住机会甚至创造机会，完成目标，实现理想。

有些人不是不懂得主动权的重要性，而是害怕失败、思想保守，因此不愿意主动出击，以免承担不可预知的风险。从根本上讲，这是没有意识到主动权和机遇正相关，越主动，机遇才越多，成功的几率也就越大，而一味等待机遇降临只会让自己陷入被动状态，从而降低抓住机遇的概率，甚至与成功失之交臂。

鬼谷子有云：“故道贵制人，不贵制于人也；制人者握权，制于人者失命。”这段话的意思是，立身处世之道，重要的是能够控制他人，而不是被他人所控制；制服他人就能掌握主动权，而被别人控制就无法掌控自己的命运。

智者识局，能够审时度势，将先机牢牢掌握在手中，甚至逆境翻盘，变被动为主动。想要做到这一点，就必须增强自我效能感。

自我效能感指的是人们对自己是否能够成功地完成某一行为的主观判

断，它与自我能力感是同义词。一般来说，成功的经验会增强自我效能感，反复的失败会降低自我效能感。能否建立自我效能感，决定了人们是否愿意掌握主动权并坚信能够获得积极结果。

对此，我们可以从两个方面入手强化自我效能感，从而养成主动意识。

1

主动投入，获得回报

有的人因为担心得不到回报，就干脆不投入任何资源，这样虽然不会有任何损失，但是将永远错失机会。反之，主动投入虽然不会百分之百地获得回报，但会让人在行动中重新认识自己并校验思维和方法，积累相关经验，从而在努力中精进和提升自我。五代画虎名家厉归真从小喜欢画画，尤其喜欢画动物，可是因为没见过真的老虎，总是将老虎画成病猫。为了提高自己的画工，他进入深山老林，在猎户的帮助下见到了真的老虎。通过不断地写生临摹，厉归真的画虎技艺突飞猛进，他笔下的老虎栩栩如生。厉归真意识到主动投入所换来的回报，此后用大半生的时间游历名山大川，见识了更多的飞禽猛兽，最终成为一代绘画大师。归根结底，我们只有接纳必要的试错成本，保持不懈的努力，并拥有足够的耐心，才能在进取的态势中、在切实的行动中争取到人生的转机。

2

积极思考，创造机遇

积极思考是强化自我效能感的关键，是助推自己主动出击的内在动力。一个人如果只有消极的态度，就会缺失主动出击的勇气和忍受磨难的定力，自然也就失去了积极行动的可能。一个人只有相信自己能够有所作为，才会主动地学习和成长，发现短板，发挥优势，赢得人生跃迁的机遇。一个人将时间和精力用在哪里，就能窥见他的主动性体现在哪里，如果他整日停留在计划、思考甚至幻想之中，缺乏实际行动，那么这种停留在纸面上的主动性价值就会大打折扣，因为这种行为代表着他缺乏自我效能感，始终不敢踏出关键的一步。

人生机遇，稍纵即逝，只有主动出击，敢于创造，不惧试错，迎接挑战，才能将自我的劣势最小化、优势最大化，即使身处逆境，也能通过积极思考找寻一线生机，在竞争激烈的世界中脱颖而出。因为，主动和积极才是生命的底色。

02

底层逻辑：

主动性等于运气值

提起赛茜，很多人都会想到她在 2018 年时的一段辩论视频。作为华裔女孩的她，凭借着出色的专业能力在牛津大学的辩论赛中大显风采，同时借助网络传播征服了万千网友。然而，这个一夜爆红的优秀女孩，过去是一个自卑内向的“学渣”。

原来，赛茜小时候因为父母工作忙碌，一直在寄宿学校念书，并于 2006 年跟随父母来到北京。由于人生地不熟，赛茜为了熟悉环境，主动提出报补习班，并很快就和补习班的同学熟络起来。接着，她竟然勇气十足地独自找学校谈入学事宜，并顺利成了北京朝阳区的一名五年级学生。赛茜 9 岁时，她的父母因感情不合而分开，这让赛茜萌生了想要换个新环境的想法，于是她独自前往英国开始了留学生涯。

赛茜来到英国后，首先面临的就是语言问题。为了提高英语水平，赛茜主动拜访邻居，用蹩脚的英语和他们交流。为了不让邻居反感自己，赛茜每次拜访时都会送他们一些小礼物。同时，赛茜还不断和老师、同学交流，即便被人耻笑发音不准、造句错误也迫使自己勇敢开口。最终在赛茜的不懈努力下，她不仅熟练地掌握了英语，还了解了英国当地的风俗习惯，适应了当地生活。

赛茜 12 岁时，准备报考牛津大学，为此她主动找到学校领导，希望校方能给予自己支持和帮助，最后得到了学校为她提供的免费辅导以及 15 次牛津模拟面试的机会。赛茜不敢错过来之不易的良机，全力开动，同时选修了比她的同学多一倍的课程，最终在被称为“英国高考”的 A-Level 考试中取得 6 个“A+”的优异成绩，以华人身份获得了最高荣誉奖学金。在赛茜进入牛津大学后，她的人生如同“开挂”般节节攀升，不仅加入了享誉世界的牛津辩论社，还以“牛津大学本科最高荣誉毕业生”的头衔顺利毕业。

有人认为，赛茜的成功无非是因为她运气好，比如她生在了一个富裕的家庭，再比如她生在了互联网发达的时代，具备一夜走红的条件，等等。的确，物质条件和网络环境是让赛茜成名的客观因素，但绝非主要原因。因为具备相同资源和条件的人不止她一个，而只有她成了最闪亮的那一个。那么她究竟有什么不同？答案是她具有超强的主动性。赛茜从小学开始就学会了主动出击，争取自己想要的东西，正如她自己所说：“如果自己不争取的话，别人是看不到我的。”

从赛茜的身上，我们看到了一个规则：主动性 = 运气值。古语有云：“临渊羡鱼，不如退而结网。”很多人把失败归咎为运气差，却忽略了一个关键问题，即运气是需要自己主动争取的，这就需要我们打造“主动性思维”。“主动性思维”指的是人在面对事情时，拥有主动的目的并形成主动想法的思维方式。当我们能够像赛茜那样时刻准备主动出击时，就拥有了一张庞大的“网”，通过它才有机会将“运气”捕捉到手中，从而拥有主动权。

为了培养这种能力，我们可以从两个方面入手。

1

走出舒适区

舒适区是指一个人所表现的心理状态和习惯性的行为模式，人们通常会在这种状态下感到舒适，而一旦走出这个区域就会感到不舒服、不习惯。舒适区的确能够对我们起到保护作用，但同时也会束缚我们的思维和能力。一旦我们长期沉溺于舒适区，就会对现状高度满意，既没有强烈的改变欲望，更不会有主动付出的努力，一切的行为只是为了保持舒适的感觉。这样一来，我们就会自动和“运气”绝缘，因为“运气”往往都在舒适区之外。

除此之外，舒适区还会放大人的两个缺点：胆怯和懒惰。胆怯，是因为舒适区之外的环境会对我们造成挑战和威胁，所以越是习惯待在舒适区就越容易失去主动接受挑战的勇气。同样，对舒适区的习惯也会让我们变得越来越懒惰，不愿意改变现状，总是做熟悉的事情，这样就很难获得飞跃性的进步，因为我们一直在使用自己熟练的技能，没有机会学习新技能。

赛茜之所以“一路开挂”，是因为能够不断从原有的舒适区中跳出来，要么挑战新的环境，要么挑战新的知识领域，对舒适区以外的世界的探索，让她积累了更丰富的知识和经验，消除了胆怯和懒惰，增添了勇气和勤奋，自然就增强了“捕获”运气的能力。

2

提升内驱力

仅有走出舒适区的勇气和决心是不够的，因为这并不代表我们能在舒适区之外走得更远，所以还需要强大的内驱力，以涉足得更远，获得更多

“捕获”运气的机会。

内驱力指的是在需要的基础上产生的一种内部唤醒状态或紧张状态，表现为推动有机体活动以满足需要的内部动力，主要分为认知内驱力、自我提高内驱力两种。

认知内驱力是指对渴望理解和掌握知识的一种需求，这种需求促使人们不断学习，帮助人们形成良好的生活习惯，从而开阔视野，拓展想象力，丰富个人内涵。

自我提高内驱力是指人们通过自身努力，胜任一定工作，取得一定成就以及赢得一定社会地位的需要。要提升自我提高内驱力，就必须培养足够的上进心，多和成功人士、业内大咖交流，刺激个体对成功的获取欲望，增加进入未知领域的信心和知识。

所谓的运气，就是在我们涉足了别人不愿意涉足的陌生领域（舒适区以外），然后在强大内驱力的推动下持续积攒并最终爆发的探索成果，它代表着命运对我们的奖励，只有重新认识运气的真相，我们才能塑造主动性的底层逻辑，勇敢迈出追寻好运的第一步。

03

高手操作：

自控力强化主动性

被称为“日本经营四圣”之一的稻盛和夫，人生中最闪耀的成绩就是将“京瓷”和“KDDI”两家公司打造成世界五百强企业，这和他强大的自控力不无关系。

稻盛和夫从小体弱多病，差点连高中都没有念完，最后考入一所普通大学。大学毕业之后就出来打工，进入了位于京都的松风工业，然而这家企业已经处于破产的边缘，家族内讧、欠薪问题频发，劳资争议持续不断，几乎所有员工都在琢磨着另觅出路，但是稻盛和夫没有被这些乱象所干扰，反而沉下心来专心工作。在不到一年的时间里，跟稻盛和夫同期入职的大学生相继离职，但是他从不抱怨和发牢骚，而是努力寻找公司失败的原因。

经过深入分析，稻盛和夫发现公司的产品缺乏竞争力才是其走下坡路的主要原因，为此他决定投身研发工作，把自己封闭在实验室里，日夜不停地做试验，毫不在意外面的流言蜚语。经过一番刻苦钻研，他终于研发出具有竞争力的新型陶瓷——镁橄榄石。该产品进入市场后迅速得到认可，为公司带来大量订单，稻盛和夫也被提拔为主管。不过，他发现公司领导的理念和管理方式与他的预期不符，最终选择离开，并在 1959 年与 7 名伙伴在一间小仓库里成立了京瓷公司。

无独有偶，在稻盛和夫 78 岁时，他接手了一家濒临破产的公司，那就是曾经如日中天的日航。当时，日航身陷各种负面新闻，很多人都已经对它彻底失望，而稻盛和夫一来年近八旬，二来毫无行业知识，怎么可能力挽狂澜呢？这一次，稻盛和夫依旧屏蔽了所有怀疑的声音，只用了一年时间就通过改革会计系统、改进传统观念和提升服务质量拯救了日航。

面对即将倒闭的公司，很多人都会选择“躺平”，但是稻盛和夫自动屏蔽了所有质疑他的声音，通过自己的努力让它起死回生，这充分展示出稻盛和夫强大的自控力，即以信心对抗一切质疑之声，不管是来自外界的，还是来自内心的。作为一个出身平凡的人，稻盛和夫以其传奇的商业生涯证明了一件事：拥有大格局的人才配有大事业，而大格局需要有超强的自控力。

北京师范大学心理学教授陈会昌认为，每个儿童身上都有两颗种子，一颗是自控力，另一颗是主动性，当两颗种子都发育得特别好的时候，就注定了这个人会走向成功。当然，自控力和主动性并非不相干的关系，通常来说，一个人自控力越强，越知道自己要做什么，越能决定自己的行动轨迹。那么，我们该如何培养自控力呢？

1

正视欲望，控制行动

生活中有这样一种现象：人们越是想让自己做到某件事，目标越不容易实现。比如有的人想让自己“别睡太晚”，躺在床上反而精神百倍；再比如想让自己“少吃零食”，看到零食时反而比平时更有食欲……这种效应叫作“刺激性反弹”，即越是不能怎样就越想怎样。当这种效应持续在我们身上发生时，就会让我们的行为失控，由主动变为被动。试想一下，如果稻盛和夫被“刺激性反弹”所控制，越是想不离职的事情就越会被这种念头束缚，那么他还能沉下心研制出“镁橄榄石”吗？

想要克服“刺激性反弹”并不难，可以从我们的大脑机制入手，比如改变我们发出的指令，将“我不要”变成“我想要”。这样一来，我们就能避免压抑人性，同时锁定一个不受干扰的目标，在不反对自身欲望的前提下去做想做的事，我们的行为就会逐渐被自己掌控。实际上，稻盛和夫在研制“镁橄榄石”的时候，他所思考的正是“我要研制成功”而非“我不去考虑辞职的事”，这样就减少了来自外部的干扰，从而牢记最初的目标。

2

提防“5分钟陷阱”

如今我们身处信息爆炸的时代，面对的诱惑有很多。比如，本来只想打开手机阅读一条短信，结果却被一条新闻弹窗吸引，点进去之后又跳转到了某个视频平台，于是刷起了短视频……不知不觉半小时过去了。我们之所以会在不知不觉中浪费时间，主要是因为我们总是欺骗自己“再看5分钟”就关掉。然而事实上5分钟过去了，又会增加新的5分钟。周而复始，最终在不知不觉间消耗了远超预期的时间。

掌握主动权，首先要掌控自己的时间，我们必须警惕“5分钟陷阱”。对此，我们要清醒地认识到“5分钟以后我会放下手机”是不可能的，唯一的最优解就是给予自己一次温柔而坚定的拒绝。我们甚至还可以给出一个否定自我认知的理由："以你的定力，5 分钟是远远不够的。"当对自己建立正确的认知后，我们就能够用理性去对抗一时的冲动。或许第一次会失败，但只要经历第二次、第三次乃至更多，多次的失败总会让我们吸取教训，最终强化自我认知，减少放纵的机会。

有学者研究认为，自控力是一种有限资源，它不能被反复利用，因此我们要遵循"好钢用在刀刃上"的原则，在需要全身心学习和工作的时候开启它，尽可能减少理性和欲望的对抗，降低自我损耗的概率，这样就能把时间和机遇掌控在手中。

在锻炼自控力的道路上，我们会遭遇重重障碍，因此我们要坚信一点，即我们生来拥有意志力，是意志力让我们的行动遵从内心。我们唯一要做的就是点燃意志力，用自控来强化主动性，做自己想做、该做的事情，赢得属于自己的自由，争夺更多的主动权。

04

误区提示：

警惕“被动性主动”

当科学家贝尔宣布自己发明了第一部电话时，整个世界轰动了，就在他申请这项专利后，一位叫莱斯的科学家却通过美国最高法院对贝尔提出控诉，声称发明权应该归他所有。莱斯的控诉让科学界为之震动，这件事关乎专利所属和科学家的名誉权，因此法院受理了这起案件，对莱斯提交的证据进行了认真的调查和鉴定，这才弄清了背后隐藏的故事。

原来，在贝尔之前，莱斯经过多次试验，成功研制出一种利用电流把声音单向传到1000米以外的装置，不过这个装置还不能称为真正的电话，因为它在传播声音时存在短促多变的状况，而且只能单向传送。最终法院和科学家们一致认定，这种装置无法被称为电话，贝尔也就不构成侵权。不过，贝尔的确是借助了莱斯的实验成果，他将莱斯装置所用的间歇电流变成了连续直流电，解决了传播时话声短促多变的问题，最后又将装置上的一颗螺丝往里拧了半圈就实现了声音互传，而这个距离只有0.5毫米。

当莱斯得知贝尔是在自己的实验基础上取得成功时，他不无感慨地说：

“我在离成功 0.5 毫米的地方失败了，我将终生铭记这个教训。”

0.5 毫米的距离让莱斯和成功擦肩而过，多少有些让人唏嘘和遗憾。但是细想之下，莱斯的失败也是存在主观原因的。对科学界来说，电话是一项前无古人、超越时代的伟大发明，制造出这种高科技产品对当时的发明家来说是一个巨大的挑战。莱斯出于对科学的热爱而探索这项技术，但是和贝尔相比缺少了一个至关重要的因素，那就是锲而不舍的追求精神。那看似充满讽刺意味的 0.5 毫米，代表的是贝尔的主动尝试和不断试错，此时的莱斯已经失去了反复试错和探索攻坚的精神，主动性大大下降，由发明之初的积极主动变成了“被动性主动”。

在《优秀的人，都是聪明的勤奋者》一书中有这样一段话：“我们总以为‘3 分钟热度’是在说别人，事实上这个词语却在自己的身上得到多次印证。”很多人资质聪颖，努力勤奋，他们在开始做一件事的时候也能够表现出极大的主动性，但是随着时间的推移，他们身上的耐性耗光了，意志力减弱了，于是之前的主动就变成了被惯性所驱动，这就是“被动性主动”。

换个角度看，“被动性主动”是造成很多人半途而废的罪魁祸首，要想根除这一病因就要从 3 个方面入手。

1

强化行为动机

行为动机是指人们为了实现某个目标所表现出来的主观愿望和意图。虽然这是一个很难量化的概念，但参考贝尔和莱斯对“发明电话”这件事的执着态度就能看出，遇到阻力就选择放弃，显然就是行为动机不足。为了从根本上避免这种情况，我们不要出于盲目和冲动做一拍脑门子的决定，而是要静下心来好好想想：自己是否有做下去的动力，如果遇到阻碍能否有坚定的意志与之抗衡？如果做不到，就要回答一个关键问题：我为什么非要做成这件事？

回答这个问题的过程，其实就是让自己明确目标的过程，因此我们需要确切的答案来强化目标。打个比方，你想减肥，那就先回答“我为什么要减肥”，如果你只给出“不想那么胖”“想要更瘦一点儿”之类的答案，很容易造成动机不足，因为当你减肥遇到困难时会用“我其实没那么胖”“我瘦了一斤”来搪塞自己，结果就丧失了减肥的主动性。所以，我们要用明确的目标来回答“我无论如何都要减到 100 斤”或者“我要减到能穿上 3 年前的衣服”，有了可量化的参考目标，才有主动减肥的压力和动力。

2

明确可执行的计划

很多时候，“被动性主动”源于可执行计划的缺失，比如一些员工在老板的督促下会主动承揽一些业务，但是在遇到困难后要么消极处理，要么甩手不管，这种不为结果而努力的主动是无意义的。因此，要提高成功率，我们就要制定可执行的计划，对攻坚目标提出阶段性的打法，比如要完成获得一个十万订单级别的客户的目标，可以按照“线上沟通”“线下接触”“品牌背书”等具体步骤执行，这样在遇到困难时就不会没有抓手。

当一个可执行计划成功后，我们要以此为样板，在完善该计划的基础上制定新计划，这样就能不断积累经验，比如在争取客户时发现己方的说服力不够，那就可以加上“第三方牵线”这个备用步骤，帮助我们说服客户，进一步拉近合作关系。缜密的计划也会让我们掌握更多的主动权，从而激发我们的主观能动性，成功率自然会得到提高。

3

提供正面反馈

人为何会“被动”？关键在于缺少正面反馈，就是当人们做对了一件事的时候得不到应有的奖励和激励，自然会变得懈怠和消极。因此，每当我们攻克一道障碍后，就要积极地给予自己奖励，哪怕是一杯奶茶或是休息一小时这种小奖励，也能坚定我们的信念，让我们意识到付出是有价值的，这样在行动时“被动感”就会被逐步消解。

在通往理想的道路上，总是不可避免地出现一些干扰因素，让我们一度怀疑自己距离成功还很遥远，此时枯燥感、挫败感和迷茫感会越来越强烈地吞噬着我们的信心，让我们失去主动性。面对这种情况，我们必须找回初心，明确目标，持续强化内在驱动力，不被负面情绪左右。正如黑格尔所说：“只有经过长时间完成其发展的艰苦工作，并长期埋头沉浸于其中的任务，方可望有所成就。”

第2章

战略布局：主动赋能张力

01

推力解析：

主动借助风口之力

Snapchat是由美国斯坦福大学的两位学生埃文·斯皮格尔和鲍比·墨菲开发的一款“阅后即焚”的照片分享软件，它具有为用户提供拍照、录制视频、添加文字等功能，其中最主要的功能是所有照片都有一个1~10秒的生命期，当用户拍摄照片发给好友之后，这些照片就能够按照事先设定好的时间自动销毁，而当接收方尝试进行截图时发送者也会收到通知。这项看似没有技术门槛的创新功能，让创始人拥有了上百亿元的身价。

那么，埃文·斯皮格尔和鲍比·墨菲是怎样想到开发这样一款软件的呢？其实，这款软件主要解决了高中生、女性及商务人士等用户群体的痛点。美国的一些学校禁止学生在上课时使用社交软件，而Snapchat能够让他们愉快地发送照片而不留下任何证据。很多女性因为喜欢自拍却又不喜欢自己的照片被别人反复评论，于是就设定了自毁时间，降低了上传照片时的心理压力。一些商务人士出于保护商业机密的需求，也希望图片发送后在固定时间内被销毁，从而保护自身利益，减少商业纠纷。

由于 Snapchat 解决了用户群体的痛点，因此越来越多的人下载了该软件，并很快痴迷于其中。Snapchat 每天的照片和视频发送量接近 Facebook 和 Instagram（二者都是社交媒体平台）的单日照片上传量的总和，还带动产生了一个新的群体——以“阅后即焚”为核心的社交群体“快照族”。

打造爆款需要借助风口，而 Snapchat 正是找到了一个在互联网时代被人们忽视的用户痛点，那就是个人隐私。正是基于这个出发点，他们才打造出了以“阅后即焚”为核心操作思路的新型应用软件，它在短时间内吸引了成千上万的用户。从产品开发的角度看，全民性的痛点就是风口，谁能解决它，谁就能在风口上飞起来。

法国作家罗曼·罗兰曾说：“人们常觉得准备的阶段是在浪费时间，只有当机会真正来临，而自己没有能力把握的时候，才能觉悟自己平时没有准备才是浪费了时间。”事实的确如此，很多人总想站在风口上获得机遇，但其实是具备了一定的条件之后，才有机会借助风口赢得主动权，而这个先决条件就是成长势能。

“势能”本质上是自身由内而外生发出来的力量，它不仅能让自己强大，还能给他人赋能。成长势能是专门描述成长时散发出的力量，它决定了我们的成长方向、速度和健康程度，也就决定了我们的思维、眼界和格局等。

以埃文·斯皮格尔和鲍比·墨菲为例，他们掌握了开发和调试软件的技术，也拥有了观察社会、分析用户、洞悉痛点的能力，同时具备了一定的产品宣传、营销和推广的能力，因此才能借助风口走向成功。简而言之，成长势能就是通往风口的门票。

那么，我们该如何培养成长势能呢？

1

拓宽确定成长方向的视野

被称为“巴菲特背后的男人”的查理·芒格，在其著作《穷查理宝典》中写道：“如果你只是用商业的眼光来做投资或者创业，你的视野就太狭窄了，同理，如果你只在一个学科里做事情的话，你的视野就太狭窄了。”简而言之，一个人视野的宽度决定了其看待事物的局限性大小，从而影响其成长方向，因此才有了商界中被广泛认同的一句话：“创始人的认知边界，是一个企业真正的瓶颈。”

作为职场人，我们只能看到行业内一年之内的变化，很难对未来进行清晰的计划，一旦风口到来时就会因为准备不足而落败，所以我们要学会拓宽视野，具体可以从两个方面来实施：一方面是扩大知识体系，多掌握岗位之外的知识。营销人员可以懂一点技术，与客户沟通时言辞会更有说服力；技术人员也可以懂一些市场理论，在设计产品时就可以针对客户需求进行创新。另一方面是习惯从不同角度看待问题，不同的思维方式能让我们的视野变得更广。比如一次线下活动的失败，可以让我们的思考跳出客户管理、团队合作等角度，而转移到消费者需求、社群运营等角度，这样就能摆脱就事论事的思维限制。只要我们能持续拓宽视野，就容易洞悉到风口产生的方向。

2

获得加快成长速度的资源

心理学大师萨提亚认为，每个人都具备积极成长和发展所需的一切资源，每个人都有能力应对和解决困难。加速成长的秘密就是借助各种资源，因为资源是一个人在社会上生存和发展的基石，它既包含先天资源，比如形象好、家庭背景强、人脉丰富等，也包括后天资源，比如通过努力赢得了领导和同事的信任，从而获取大量的客户资源，以及不断积累专业技能的机会等。

如果一个人的先天资源是形象好，那么在沟通和公关时就会占据优势；如果在知识和经验的储备上不足，那么就要扬长避短，通过求助于专业人士弥补这些方面的不足。同理，如果一个人后天资源出众，比如因为高情商成为团队的核心，但是缺少来自团队以外的肯定，那么就要依靠团队的称赞助推其口碑传播，间接提升个人影响力。总之，每个人掌握的资源终究是有限的，我们可以利用有限的资源在不利于自己的领域破局，让自己具备接近风口的能力。

成长势能是帮助我们找到风口并占据风口的原动力，没有它在暗中推动，即使我们站在风口上也无能为力。正是基于这一规律，我们才能不让自己成为机会主义者，因为风口本身不会赋能，能力只能依靠我们自己去获取和完善，这样在发现风口后才有借势而起的机遇，从而掌握引领时代的主动权。

02

谋定后动：

划全局，展微操

宝洁公司成立于1837年，是目前全球顶尖的日用消费品制造商和经销商之一，经营300多个品牌的产品，业务内容非常广泛，涉及食品、洗涤用品、药品、化妆品等领域，旗下拥有汰渍、碧浪、飘柔、潘婷、佳洁士等多个知名品牌。发展了近200年依然具有强大的生命力，宝洁公司是怎么做到的？这其实和宝洁在战略思维上的布局有着密切联系。

一是多品牌战略。宝洁没有成为任何一种产品或者商标，而是根据市场的细分，如洗发、护肤、口腔护理等品类聚合成一个整体，每个品牌以宝洁为中心进行运作，这样做的好处是能够避免单一品牌不利于促进产品延伸的缺陷，虽然成本高、风险大，但是也更加灵活多变。二是差异化营销。宝洁经营的多种品牌的策略并不是将不同的产品贴上不同的商标，而是追求同类产品不同品牌之间的差异，体现在包装、功能、宣传等方面，因此，每个品牌都具有鲜明特征和独特的发展空间，不会堆叠在某个市场区间内。三是针对性广告。宝洁的牙膏和香皂产品主要针对易受细菌感染、需要保护的儿童，因此广告语多是易于理解、方便模仿、有利于传播的；宝洁的洗衣粉品牌则针对精明的家庭主妇，采用价平质优的策略；至于海飞丝的广告策略则是全明星阵容，吸引追星族；等等。

可见，宝洁的成功是依靠一品多牌的战略思维，从而掌握了谋划全局的主动权，在此之下才有微操的进一步成功。1988 年，宝洁进入中国市场，仅用 3 年时间就实现盈利，创下世界五百强企业速度之最，这个成果和宝洁的多品牌频频出击、针对性广告密切配合不无关系，这些策略让这个原本陌生的外来品牌迅速在中国消费者心目中树立起实力雄厚的形象，再次赢得了抢占市场先机的主动权。

优异的战略思维能够让一个人乃至一家企业掌握先机。因此，我们必须先弄清关于战略的定义。

1

战略不等于愿景

很多企业的布局失败，原因在于将愿景和战略混为一谈，因为愿景是一个相对模糊的、带有感性色彩的存在，它只能作为企业文化中的一部分对领导和员工进行激励和引导，并不能延伸到市场布局层面。所谓战略，要考虑的是未来发展的清晰路线，就像宝洁那样，要明确自己进军哪一部分市场、要延伸出哪些品牌，只有将这些内容规划清楚，才能称得上战略布局而非愿景构建。

同理，个人在制定人生发展战略时，也不能将理想和战略混为一谈，因为理想同样具有模糊性，比如有些人的职业理想是“进入管理层”，却没有设定为哪类公司、哪类部门、哪种类型的管理者，这样就无法指导具体实践，而真正的个人发展战略应该类似于“成为熟悉市场的营销部门的管理者”，这样你就能知道自己未来努力的方向以及所要面对的困难。

2 战略不等于计划

虽然战略能够引导我们去制定计划，但这并不意味着战略等于计划。有些企业把明年的计划叫作“某某年战略”，内容却是一些细枝末节的东西，并没有阐述某某年要做的哪些事情能够起到谋划全局的作用，比如怎样扩大用户群体、如何提高竞争优势、对以后有何种推动作用等。所谓战略，一定是瞄准最终目标并有落地可能的“超大型计划”，既不能脱离某个年份，也不能局限于某个年份。

个人在制定发展战略时也要注意，不要把本年度要做的事情当成战略，而是要充分考虑到它对于个人实现最终目标的推动作用，这样才能在计划出现失误时进行有效的调整。比如一个人的发展战略是成为广告界的创意大师，其在第一年要学习广告学、营销学等相关知识，在第二年就应该了解市场、客户以及圈内的从业法则，在第三年可以参与实践，让个人能力接受现实的检验……以此类推，这几年所付出的努力之和才是实现“创意大师”的战略。这样一来，当他在第二年了解客户时发现自己沟通能力不足，就可以及时调整计划，划出 3 个月的时间用来提高沟通能力，从而推动整体战略的逐步实现。

3

战略不能可有可无

有些企业认为市场环境是随时变化的，提前制定好的战略未必能有效应对新的变化，这是一种错误认识。因为这样一来就会让企业陷入完全被动的状态，只能疲于应对新的变化，失去了自主选择的能力。

2001 年小灵通火爆全国，中兴和 UT 斯达康等企业认为这个新变化是千载难逢的商机，于是果断进入，最后赚得盆满钵满。当时的华为却没有冲动跟进，反而将有限的资源投放到几乎无人知晓的 3G 技术上。很多业内人士认为华为错失了赚钱的良机，然而任正非没有被这意外的商机所干扰，他坚定地让华为聚焦在研究通信技术的主航道上。最后的结果我们都看到了，小灵通终究是昙花一现，而华为因为不改初心的技术积累和业务打磨，在 2010 年进入世界五百强。

企业如此，个人亦是如此，不能因为外部发生变化就马上放弃原有的战略，至少要认真思考所谓的机会是否能给自己带来长远的利益，如果获得短期利益的代价是放弃长远目标，那就得不偿失了，这将会彻底丢掉发展的主动权。

归根结底，战略代表着一种选择，而越是理性积极的选择就越能让我们牢牢抓住主动权，进一步理解：战略就是若干个选择的组合，目的是推动发展、提高地位、创造独一无二的竞争优势，无论是企业还是个人皆是如此。只有当我们认真谋划之后，才有稳步行动的可能，战略就是对主动权的积极获取和有效保障，它让我们把目标从构想变成现实，也让我们从平庸走向卓越。

03

计划梳理：

成为理性的主动者

1947年，一个穷小子出生在奥地利，少年时代的他在日记中写下了他的人生目标——成为美国总统。听上去十分不可思议，但是这个男孩认真地制定了计划：要成为总统首先要成为州长，要竞选州长必须拥有雄厚的财力，要获得财力就需要有财团的支持，要融入财团最好迎娶一位豪门千金，要让豪门千金嫁给自己就要成为名人，而成为名人的最佳渠道就是当电影明星，成为电影明星就要练出阳刚之气……终于，男孩制定了全盘计划，然后逐步推进，从健身开始，目标是成为全球最健壮的男人。经过3年的刻苦锻炼，他终于凭借发达的肌肉成为健美先生，在之后的几年中，他先后获得了欧洲乃至世界级别的健美先生头衔。22岁时，他如愿以偿地进入好莱坞，耗费十年在银幕上演绎硬汉形象，他的电影事业如火如荼，随着知名度逐渐提升，他最终引起了肯尼迪总统侄女的注意，二人结为连理。2003年，57岁的他退出影坛，开始从政，成功竞选为加利福尼亚州州长，他就是阿诺德·施瓦辛格。

施瓦辛格从一个普普通通的奥地利男孩最终成为美国加州的州长，虽然他未能如愿成为美国总统（在美国以外出生的人无法参加总统竞选），但是他的整个人生计划已经完成了大部分，他之所以能够有条不紊地靠近梦想，是因为他从不幻想被命运垂青，而是主动提升自己，不断争取人生跃迁的机会。他不盲目、不冲动，而是凭借缜密的思考和理性的规划让自己持续完成阶段性目标。他的人生向人们证明了那句话——思想有多远，我们就能走多远。

制定一个战略目标相对容易，但是依托这个目标去制定计划就有了一定的难度。有人会制定一个天花乱坠、难以实操的计划；有人会制定一个过细过杂、毫无重点的计划；有人干脆不制定计划，全凭感觉去执行……这种草率的做事态度很难让人在行动中掌握主动权，反而会处处陷于被动。

计划是什么？是通过规划时间来完成某些事情，最终实现某个目标。从施瓦辛格的成功经历中，我们可以推导出两条重要的准则。

1

目标倒逼

所谓目标倒逼，就是先给自己设定一个预期的结果，然后反推能够达成这个结果的路径。施瓦辛格就是在确立“成为美国总统”这个终极目标之后，反推自己需要完成哪些前置任务，这样在行动中才有抓手，在计划中才有重点，通过逐步攻克障碍将主动权抓在自己的手里。实际上，能否合理运用目标倒逼法，恰恰是成功者和普通人的最大差异。

蒙牛公司当年的发展曾经书写了不少行业奇迹，以至于被业界称为“蒙牛速度”。2000 年蒙牛的销售收入只有不到 3 亿元，在 2001 年蒙牛制定未来的“五年计划”时，居然把 2006 年的销售目标定在了 100 亿元。这在外界看来简直是痴人说梦，但是在 2005 年，蒙牛就实现了 100 亿元的销售目标，提前完成了计划。

蒙牛成功的关键在于根据目标确定企业的策略和计划，倒逼企业能力的提升，而他们也找到了提升能力的关键，那就是乳业要为消费者提供什么。当然不是简单的、粗加工的乳制产品，而是富含营养的、科技化的乳制产品。为此，蒙牛开展了益生菌相关的科研创新工作，与全球最大的菌种研究供应商丹麦科汉森集团开展深入合作，在制定酸奶的菌种筛选和产品标准方面积累了先进的技术经验。

成功者大都善于掌握主动权，而掌握主动权就要有明确的目标和方向，这样才能逼迫自己扫清通往终点之路的障碍。

2

设定阶段性目标

实践者要实现一个目标，就要确保在推进的过程中既能承受一定的压力，也能看到一定的成果。为此，实践者就要在总目标之下，根据不同的发展阶段设定若干个子目标，这样才有可操作性和成就感，在完成阶段性目标后激励实践者完成下一个子目标。如果不设定子目标，只依靠最初的宏远目标来推进，那么计划既不可能细化，也会严重挫伤实践者的积极性。

阶段性目标符合社会心理学中的“登门槛效应”，它指的是在提出一个大的要求之前，先提出一个小的要求，从而使对方更容易接受大的要求，这个法则同样适用于自我勉励。施瓦辛格在树立了“成为美国总统”这个总目标之后，在不同阶段设定了“成为州长”“成为电影明星”“成为健美先生”等多个子目标，相对于总目标来说，它们实现的难度较低，能够让他清晰地看见自己是如何推进计划的，也能因为达成阶段性目标激励自己向终点冲刺。

阶段性目标意味着要有阶段性计划，为了提高成功率，我们可以采用“OKR 工作法”。

“OKR 工作法”是由英特尔前 CEO 安迪·格鲁夫提出的：O 表示目标（Objective），KR 表示关键结果（Key Results）。目标是指你想做什么事情，关键结果是指确认你是否完成了这件事。在实际工作中，我们可以给自己设定一个可明确量化的目标和对应的若干个明确结果，然后告诉自己一定要完成这个目标。

打个比方，如果你是人事经理，可以这样制定 OKR：

O：全力招聘，加快企业人才系统搭建。

KR1：4 月 30 日之前，40 人准时到岗。

KR2：新员工试用期通过率达到 80%。

KR3：开展 3 场培训活动，通过沟通交流提高员工对企业的忠诚度和认同感。

每个人的时间都是有限的，我们将时间消耗在哪里，就能在哪里获得成果，而梳理计划就是为了节约时间，提高行动效率，把所有宝贵的资源都用来争取主动权。为了完成终极目标，我们必须有足够的耐心，精心梳理出具有现实意义的实操计划，当我们攻克了一道又一道难关之后，距离成功就只有一步之遥了。

04

独辟蹊径：

走直路的前提是绕弯路

杜国楹出生于普通的农民家庭，他创立过红极一时的“背背佳”，也曾因为盲目投资而败光了全部资产。2012 年，完全是茶叶行业门外汉的杜国楹准备进军这一领域，他开始设想的是做有机茶，通过突出“有机”这一概念来确立行业标准，帮助消费者方便地选择自己喜欢的茶，为此他特地注册了“1990 有机茶”品牌，再按照这一思路进行包装设计。然而杜国楹在寻找符合标准的有机茶时，发现困难远远超出当初的预期，他耗费了将近一年的时间，将几乎所有有机茶的茶样拿回来进行检测，却发现有很多不符合标准。最终，杜国楹认定以当时的条件在国内做有机茶难度太大，毕竟在全国 400 多万亩的茶园中，真正达到认证标准的有机茶不到 5%，无法满足品质和规模的现实要求，而且想要寻找值得信赖的茶厂也困难重重，他不得不放下了做有机茶的念头。

一次偶然的机会，杜国楹了解到制茶技艺也有非遗传承人，这个是国家有关部门认证过的，具有权威性，代表了特定品类的制茶技艺的历史传承，更重要的是国内也拥有相关的茶厂和制茶车间，完全可以满足大批量供应高品质原叶茶的需求。于是，杜国楹果断掉转方向，寻找不同品类茶叶制作技艺的非遗传承人，最终找到了 8 位制茶大师。接下来，杜国楹又开始为产品包装的问题犯愁，因为他想让包装既有创新又能解决标准化等问题。

当时茶圈的消费习惯是用大罐子、大袋子装茶叶，谁来了就随手抓一把，即便有小袋包装，在携带的过程中也容易被挤碎，而这些都不符合杜国楹对品质茶的要求。为了解决这个难题，杜国楹特地邀请日本设计师神原秀夫做了十几次提案，总计提出上百款设计方案，此外还思考比较了几十种材质的组合。历经 3 年时间，杜国楹才确定了一度引发茶行业罐装革命的“小罐茶”。

经过十年的试错，杜国楹从一个外行人变成了内行人，从不断走弯路到开辟新赛道，终于造就了小罐茶的脱颖而出。可见，成功实在很难一蹴而就，往往需要经历岁月沉淀和试错调整后才能实现。

美国考皮尔公司前总裁比伦说过：“失败也是一种机会。若你在一年中不曾有过失败的经历，你就未曾勇于尝试各种应该把握的机会。”这就是著名的比伦定律。

很多人都幻想着走上成功的捷径，再不济也是走上通往成功的直路，但现实往往事与愿违。如果成功真的有固定路线，那么还会有多少人遭遇失败呢？成功的稀缺性不就被打破了吗？从这个角度出发能够得出一个结论，那就是为了探索成功的真正路径，我们必须主动试错，通过绕弯路来找到直路。

据传某公司内部有这样一条规定，假如某个员工 3 个月没有犯错，就会被视为不合格。对此该公司给出的解释是：该员工什么都没干。事实的确如此，只要做事就难免犯错，而不犯错的唯一方法就是不做事。

人生的道路上，失败往往是常态，成功人士并非不会犯错，而是能够正确看待犯错，并通过有意识地“犯小错”而避免日后“犯大错”，从而满足最终成功的各项条件，这就是“试错法”。

美国心理学家爱德华·桑代克曾经做过一个实验：在一个用木条钉成的箱子里面，装上一个能控制箱门开关的脚踏板，当门被开启时里面的猫就能逃出箱子并得到鱼作为奖赏。实验开始后，饥饿的猫在箱子里毫无目的地乱咬乱撞，当猫偶然碰上脚踏板时就逃出了箱子，而桑代克又一次把饿猫关了进去，反复进行实验后，猫只要进入箱子就能迅速打开箱门。

在桑代克看来，猫并非依靠逻辑推理找到了打开箱门的方法，而是不断尝试，在失败中放弃一切的无用行为，记住有助于逃跑的行为，最终成功脱逃，而这就是“试错法”的核心原则。换句话说，“试错法”本身并不存在任何标准，因为没人能定义成功的标准是什么，正如杜国楹钻研茶行业一样，他必须通过不断的考察、试验和反思才能发现错误的道路，然后才有机会找到正确的路径。

从心理成长的角度看，“试错”也有着积极意义，它能够让我们不断获得新的知识和经验，从而增强自信心，因为多次跌倒的人才知道摔跤的滋味，反而从未摔过跤的人会产生“未知的恐惧”，而这种面对困难的强大心理素质，也是确保我们主动争取成功的必备心理因素。

越早试错，犯错成本就会越低，因为我们在前进的道路上只做两件事，即前进和拐弯。很多时候，只有先走了弯路，才能了解更多、学习更多、反思更多，这是路径的长度和弯度所给予我们的额外启示。相反，如果一开始就在直路上畅通无阻，甚至意外走上了捷径，这种一帆风顺往往会埋下未来失败的隐患，因为唾手可得的成功会让人失去磨砺心智的耐性和主动挑战的勇气。

俄国作家冈察洛夫说：“生活中并非全是玫瑰花，还有刺人的荆棘。”试错并非犯错，它能够帮助我们主动规避未来道路上可能遇到的障碍和挫折，从而减少自己的犯错成本。身为普通人，我们无法保证每一次决策都是正确的，既然犯错误在所难免，不如把犯错的主动权掌握在自己手中，以从头再来的决心和先人一步的勇气去探索通往成功的光明之路。

第3章

战术法则：

主动指导实践

01

情绪控制：

以主动权换行动力

1754年，后来的美国总统乔治·华盛顿还只是一名上校，当时他带着一支部队驻守亚历山大市，刚好赶上亚历山大市所在的弗吉尼亚州举行州议员选举。华盛顿到现场后，很快就和一个名叫威廉·佩恩的人发生了冲突。原来，佩恩十分讨厌华盛顿支持的候选人，为此两个人展开了一场激烈的辩论，然而谁也说服不了谁。情急之下，佩恩一拳将华盛顿打倒。华盛顿的手下看到长官被打，就要将佩恩抓起来，然而华盛顿制止了手下，在他看来，因为争论发生摩擦是再正常不过的，没必要把事情闹大，最后带着手下离开了。

人们对华盛顿的好脾气钦佩不已，没想到后面发生了更加令人惊讶的事。华盛顿在第二天让人给佩恩带了一张纸条，让他去当地的一家酒店和自己见面。得知了华盛顿的身份后，佩恩顿时害怕了，毕竟对方可是手中握有兵权的人，华盛顿很可能会趁机进行报复。但是躲又躲不掉，佩恩只能硬着头皮去了酒店，可让他没想到的是，华盛顿并没有报复他，反而向他敬酒："佩恩先生，每个人都可能犯错，我为昨天对你的冒犯向你道歉。

如果你能够忘记过去的不愉快，我希望今后我们能够成为朋友。”佩恩万万没有想到，明明是自己先动手打了对方，对方却如此彬彬有礼地向自己认错，他被华盛顿的宽广胸怀所折服，也对昨天的鲁莽行为十分后悔。至此，佩恩成了华盛顿最坚定的支持者。

华盛顿能够成为美国第一任总统，不仅由于其个人能力出色，还因为拥有广泛的支持者，而威廉·佩恩就是万千华盛顿支持者中的一员，华盛顿将其化敌为友，就足以展示出一个成功者在情绪控制方面的能力是超出常人的。如果换成普通人，最多就是不计较佩恩的那一拳罢了，但是华盛顿不同，他能够主动邀请佩恩和自己平心静气地交流，将矛盾充分化解，以承受一拳的代价收获了一个坚定的支持者，这就是积极主动地化干戈为玉帛，而非简单的忍让包容。

成年人的世界里没有“容易”二字，如果我们遇到不顺心的事情就完全顺着情绪做出决定，那每天都可能在各种失控中度过，不仅会损害人际关系，还会影响我们的个人发展。掌控情绪，在某种程度上就掌控了行动的主动权，否则我们只能变成情绪的奴隶，在失控中处处陷于被动。那么，如何才能有效地控制情绪呢？

1

重构认知

重构认知是指通过改变个人思维来控制情绪，用积极的思维纠正消极的思维，也就是在事实不变的前提下修正个人对事物的看法，减少负面情绪对自己的不良干扰。换句话说，同样一件事，在我们没有刻意歪曲它的前提下，只要以合理、恰当的角度切入，就可能得到完全不同的结果，这不是自欺欺人，而是站在理性的视角分析问题，消除负面情绪。

2

身体调节

身体调节是通过调整身体的反应来达到控制情绪的目的。比如当我们感到愤怒或者焦虑时，可以尝试采用深呼吸、转移注意力等方式让身体放松，帮助我们更好地应对负面情绪。

美国心理学家欧廉·尤里斯分享了让人平静的三项法则："首先降低声音，继而放慢语速，最后挺直腰背。"降低声音和放慢语速能缓解情绪，向后挺直腰背能化解紧张的气氛，因为人在生气的时候上身容易前倾，也就更靠近别人，使对方产生紧张感，所以我们要有意识地调整这些本能的动作，让自己处于一个冷静平和的状态。

3

谨慎行动

谨慎行动是通过改变个人的行为来达到控制情绪的目的。当我们产生负面情绪后，可以通过行为约束来避免自己做出出格的事情，比如不要急着和冲突方见面，不要急着给友人打电话吐槽泄愤等，而是要尽量分散注意力，比如看书或者听音乐，放松情绪。

在控制行为方面，美国开国元勋本杰明·富兰克林堪称典范，他在年轻时就给自己设定了一个目标：克服所有的坏性格倾向。他列出了13种优秀品质的修炼计划，其中包括节制、守秩序、勤俭、真诚等。他严格控制自己的行为并且每天晚上都要自省，如果犯了一次错误就在对应的栏目里画一个黑点。经过不懈的努力，他终于成了自己想要成为的人。虽然不是完人，他性格上的问题却明显减少了。

当我们善于控制自己的行为时，也就更容易养成良好的性格，这有助于我们始终保持理性，厘清利害关系，抓住稍纵即逝的机遇。

爱因斯坦曾说："优秀的性格和钢铁般的意志，比智慧和博学更为重要，智力上的成就在很大程度上依赖于性格的伟大，这一点往往超出人们通常的认识。"我们应该学会通过提高情绪智力来保持健康，因为情绪智力决定了一个人了解自己、理解他人的能力，承受挫折的能力及应变能力。为了自己的前途和发展，我们要不断提升控制自己情绪的能力，可以让自己化不利为有利，变被动为主动。

02

情商变现：

主动出击，攻其软肋

扁鹊是中国古代的神医，由于医术高超而远近闻名。据民间传说，当时齐国的国君为了表彰扁鹊的医术，打算封他为“天下第一神医”，本以为扁鹊会欣喜不已，没想到他却谢绝了。为了打消齐王的疑惑和不满，扁鹊主动解释说：“我之所以没有接受陛下的封赐，是因为我的两个哥哥医术都比我高明，既然他们都没有获得这个封号，我有什么资格获得呢？”齐王听了之后觉得有些不解：“既然你的两位兄长医术在你之上，为何名不见经传呢？”扁鹊说：“我的二哥名叫扁雁，他能够治大病于小恙，在重大疾病出现小症状时就能诊断出来并治疗，所以小有名气。至于我的大哥扁鸿，他能够防病于未然，看人一眼即可判断此人会得什么病，所以只有家里人知道他医术高明。”

齐王认为扁鹊说得有道理，如果封他为“天下第一神医”，不仅很难服众，也破坏了他们兄弟之间的感情，于是收回了成命。

这段看似寻常的对话，恰恰隐藏了扁鹊的大智慧。他为何要如此自谦？难道是他真的比不上两位哥哥的才华吗？显然不是，扁鹊知道齐王给自己封号是为了将他留在身边，长期听命于他，这样一来，他很可能卷入政治斗争，难以做到独善其身，甚至有可能身败名裂。因此，扁鹊趁齐王没有正式提出邀请之前，用自谦的方式暗示“天外有天，人外有人”，齐王如果还是封给他“天下第一神医”的称号，等于告诉天下是齐王自己不知天高地厚，这对于一个君王来说是相当丢人的，扁鹊抓住了这一点，给彼此都保留了退路。

扁鹊和齐王的对话告诉我们，当我们想要拒绝他人的要求、在沟通中占据主动权的时候，一定要瞄准对方的软肋，主动出击，不能被动接招，这样才能达成目的。

美国通用电气集团CEO杰克·韦尔奇一再强调：“沟通，沟通，再沟通。”以此来说明沟通对企业发展的重要性。良好的沟通能够起到消除矛盾、促进关系的作用。一个不会和他人沟通的人，很难在现实中捍卫自己的利益，更无法争取到宝贵的机会。在沟通中主动出击，就是主动去争取话语权，一旦我们掌握了话语权，就能避免陷于被动，让局势对自己有利。但是，选择主动出击的时机非常重要：早了，会让对方临时调整话术策略；晚了，就失去了直击要害的力量。对此，我们可以从3个方面入手进行把握。

1

沟通背景

下雨天别人找你，可能是为了借伞；冬天别人找你，可能是为了借棉衣。当然这只是一种比喻，意思是先分析对方和我们沟通的时间节点，是否关联到我们所拥有的某种资源或者是对方可能遭遇的困难，在确定这个背景之后，我们就可以做到心中有数，随时应对。

2

听话听音

有一句话叫作："沟通首先是倾听的艺术。"弦外之音是沟通中最隐蔽也是最重要的信息来源。通常别人求我们办事，总会先恭维一番，而恭维之外的信息就是"弦外之音"。同理，有些领导想要批评员工时往往也会先夸奖对方一番，而这一番莫名其妙的夸奖也是"弦外之音"。当我们捕捉到这些异常信息之后，就应马上警觉起来，回想最近发生的事，跟自己有什么关系，做好先发制人的准备。

3

察言观色

当对方带着明确的目的，比如求助、攻击、煽风点火时，总会或多或少地呈现一些表情变化，比如不自然的笑、四处乱飘的眼神、紧锁的眉头等。如果是单纯聊天就不会有这么复杂的心理活动。所以，只要多观察对方的视线是否总盯着自己，或者对方是否增加了一些代表紧张不安的小动作，就能预测对方和我们聊的下一个主题，这样我们就可以决定攻守策略了。

那么，在我们判断对方话里有话之后，应该采用何种话术来攻其软肋、掌握主动权呢？这里介绍 3 个方法：

1

转移话题

如果对方有求于我们或者要把责任推到我们身上，必然是做好了心理准备，也有了沟通计划。我们要做的就是打破对方的计划，干扰对方的思路。最直接的办法就是转移话题，话题扯得越远越好，这样做的好处，一是对方想把话题拉回来会有难度，二是有很强的暗示作用——我不想和你谈这个话题。如果对方情商不是很低的话，就会明白这是在委婉地拒绝。如果对方执意要达成目的，那就把话题转移到对方的软肋上，如糗事、丑事甚至是丑闻，目的是让对方明白："如果你不改变话题，我就要改变话题了。"

2

反客为主

否定和拒绝对方是比较难的事。既然如此，我们可以强行和对方转换角色。先让自己成为"恶人"，这样对方就只能去当"好人"，至少让他们当不成"恶人"。在对方给我们提出难题之前，我们先给对方制造难题，寻找对方的软肋——他们难以办到的事情。这样一来，对方既然无法帮助我们，也就不可能再为难我们了。退一步讲，即便对方真的帮助了我们，这也在客观上证明了我们解决问题的能力不如对方，自然也就能把难题反推给对方。

3

自我嘲讽

一般来说，人应该在沟通中展示自己优秀、强势的一面。但在对方给我们出难题、让我们难堪的特定情境下，如果我们继续展示自己的优秀往往会适得其反，不如通过自嘲来表达自己“无能”“不堪大用”“没有上进心”，这样就切中了对方的软肋——“我都这么差了，你还要为难我吗？”这种自降身段的做法不仅能改善对方咄咄逼人的态度，也能给自己一个合理的台阶下。

在沟通中，我们越是主动出击，就越能引导对话，让谈话结果朝着对自己有利的方向发展。主动出击的重要性在于它能影响对方的判断、打乱对方的沟通计划，让我们从“客场作战”变成“主场作战”，为个人和团队的成功创造更为有利的条件。

03

清剿宿敌：

消灭拖延症三步骤

说起拖延症，很多人都会下意识地认为普通人才会被这个问题困扰，其实很多名人也都是“拖延症患者”。比如著名导演王家卫，他在新艺城影业当编剧时因为几个月交不出稿子而被解雇，随后在永佳影业因为撰写喜剧剧本拖了 9 个月再次被解雇，后来拍摄《东邪西毒》时硬生生拍了 2 年，把演员和制片方都逼疯了。不过，名人中也有成功克服拖延症的例子。比如写出了《悲惨世界》《巴黎圣母院》等世界级名著的法国文豪雨果，他和很多作家一样都有拖延症，这倒不是因为他懒惰，而是因为他特别喜欢参加各种社交活动，虽然这对他的文学创作很有帮助，但也消耗了大量的时间，因此他的交稿日期总是一拖再拖。在雨果撰写《巴黎圣母院》的时候，书商已经和他签好了合同，可雨果还是忍不住参加各种聚会，占用了大量的写作时间。最后眼看着截稿日期快要到了，稿子还没有写出个眉目，于是雨果灵光乍现，把全身的衣服脱得精光，然后换上一身破破烂烂的睡袍，之所以弄成这种打扮，是因为穿成这个样子就不可能参加任何社交活动了，那么他就能安下心坐在桌前写作，就这样，雨果总算如期交稿，让一本名著顺利和读者见面。

拖延症，是困扰人的一种顽疾，它不能简单解读为“不求上进”“好吃懒做”，因此单纯依靠意志力克服它是远远不够的。我们必须从心理层面入手进行分析，然后制定出科学合理的计划，才能真正战胜拖延症。

关于拖延症，专家们经过研究认为主要由 4 个原因引起，即不愿意做、不知道怎么做、没有时间、事情还不够紧急。其中，不愿意做是主要原因，其他 3 个原因往往只是借口。如果我们不能有效根除拖延症，就会把事情一拖再拖，不仅影响个人成长的动力，也影响个人发展的机遇，从而失去了一部分人生的主动权。

美国斯坦福大学布莱恩·福格教授认为，解决拖延症首先要思考 3 个要素，即动机、能力、诱因。我们可以根据这 3 个要素制定 3 个步骤来解决拖延症。

1

建立动机

动机是我们感受到某个事物对我们具有价值和意义的内在推动力，只有建立动机，才能发自内心地去做某件事。为此，我们要不断提醒自己为何要做这件事，通过有意识地、反复地自我暗示，增强自己的主观能动性。在工作开始之初，我们可以将工作内容记录下来，分析其背后的原因，比如该工作能够提升我的学习成绩或者职场业绩，通过确定“价值点”提高重视程度。比如，在撰写工作总结时，我们会感到很枯燥，因此这时候应该不断提醒自己：工作总结是为了让领导了解自己都做了什么，通过撰写工作总结能让领导发现我的才华，我才能有晋升的机会或者得到重用。以此类推，我们就能将原本不愿做的任务与个人利益深度绑定，产生内在驱动力。

2

提高能力

很多人在行动前建立了动机，却在行动中因为遭遇阻碍而畏缩不前，于是选择用娱乐活动来转移注意力。因为在潜意识中我们把玩游戏、看视频也当成了“完成任务”，减轻了工作上的挫败感，但是继续工作时发现难度依然不减，挫败感仍旧存在，并由此形成了恶性循环。为此，我们必须着力解决能力不足的问题。

“能力不足”很多时候是一个伪命题，它并不代表我们真的无法攻克难题，而是我们没有合理调用能力资源，包括精力、时间、意志力等。英国有一句谚语，叫“要盖完一栋房子，先从叠砖头开始”。为了使能力最大化，我们就要将目标难度最小化，将任务合理拆分，然后专注于某个任务，从而降低任务的整体难度。除此之外，我们还要在平时不断强化专业技能，可以采用“一万小时法则”。

加拿大作家马尔科姆·格拉德威尔在《异类》这本书中提出了“一万小

时法则”：如果一个人要成为某个领域的专家，至少需要在这个领域深耕一万小时，这就意味着我们如果每天工作 8 小时，一周 5 天，成为一个领域的专家需要 5 年的时间。

“一万小时法则”的关键在于一万小时是底线，除了极个别的天才，几乎没有谁能只用几千个小时就达到某个领域的权威、专家级水准，因此一万小时的练习是在某个垂直领域深入研究和提升能力的关键。

3

设定诱因

建立了动机，也具备了完成任务的能力，我们又会因为不知道从哪里下手而开始拖延，这就是缺失诱因的表现。诱因不同于动机，它是我们决定在什么时候、什么地点、以何种方式开始工作的“信号”，就像运动员等待裁判发令的枪声一样。

找到诱因的关键在于认识到“我现在应该去做某件事”，为此我们要学会给自己设定信号。当我们进入工作间、书房或者靠近电脑、书本时，就要立即给自己发出信号“可以开始工作了”，然后马上梳理工作中的待做内容，利用 5~ 10 分钟的时间决定从哪项工作开始，如果超过 10 分钟未做决策，那就随机开始一项任务。总之，诱因可以自由设定，但不能没有，只要反复多次使用就能形成下意识反应，将某个时间、地点或者设备和工作产生强关联，避免被其他无关事物所干扰。

拖延症是普遍存在的，轻度的拖延症是人性弱点的体现，并不会真正

“致命”，但如果我们不加以控制，让拖延症一次次破坏我们的工作计划、职场规划乃至发展战略时，它就是剥夺我们主动权的罪魁祸首。我们必须积极行动起来，将其消灭在萌芽中。

04

口碑传播：

主动包装，自我营销

陈子昂，字伯玉，初唐诗文革新的重要代表，享有“诗骨”的美誉。他出生在梓州一个富裕的家庭里，从小吃穿不愁，但是身体比较孱弱，为此父亲让他练剑强身健体，可是陈子昂学了一招半式之后就骄傲起来，有事没事就找别人切磋武艺。后来，陈子昂在和别人比武时把对方弄伤，差点吃了官司，父亲就让他弃武从文。陈子昂从此断绝了和狐朋狗友的来往，闭门谢客，深钻经史，不到几年的时间便学涉百家。

高宗调露元年，陈子昂来到长安想干一番事业。他在国子监学习一年之后觉得自己已经学有所成了，就参加了科考，但没有中举。落第后，陈子昂没有灰心，又学习了一年，可是考试还是落榜了。身处繁华的长安，陈子昂意识到自己学业不顺，就要积攒声望，可是该如何开始呢？一天他在街上闲逛时，看到一个胡人在卖琴，要价百万钱，引得大家一片哗然。陈子昂走过去二话不说就买下了这把琴，然后告诉大家明天过来听他演奏。于是，消息一传十,十传百地传开了。

到了第二天，陈子昂带着琴准时现身，此时慕名前来的人把他团团包围，都想听听这么昂贵的琴会弹奏出何种天籁之音，然而就在大家翘首以盼之际，陈子昂突然拿起琴将它摔个粉碎。看着大家惊愕的神情，陈子昂大声说道：“蜀人陈子昂，有文百轴，驰走京毂，碌碌尘土，不为人知，此乐贱工之役，岂宜留心。”意思是自己颇有才学，买这把琴不过是图一乐而已。接着，陈子昂将自己撰写的诗文拿出来给大家看。巧合的是，京兆司功王适正好在场，他看了陈子昂的文章后感慨地说：“此人必为海内文宗矣！”有了名人“背书”，陈子昂的名气立即传遍了长安，在开耀二年进士及第。

如果陈子昂像那些屡次落第的读书人一样只会埋头苦读的话，那他出头的日子恐怕要一拖再拖了，但是他凭借成功的自我营销，让自己积攒了人气，同时获得了名人的引荐，最终谋求到了功名。

自我营销是一种重要的能力，它能够让我们更好地展示自我，从而获得更多的资源和机会，赢得人生的主动权，特别是在如今这个竞争激烈的社会中，自我营销几乎成为社会生存必备的技能。那么，如何进行自我营销呢？

1 认清优势

只有了解自己的优势，我们才能在营销中突出自己的专长，让潜在的雇主、合作方或者粉丝看到我们的价值，为此，我们要认真分析自己的性格特点、个人背景、工作履历、专业知识等，找出自己的独特之处，建立差异化优势。需要注意的是，在分析时要认清一点，优势并非要达到某个领域的顶尖水平，而是比同行、竞争者做得更出色、更能展示自己的个人风格，比如我们的谈判能力达不到专家水准，但是善于以柔克刚，能够心平气和地解决问题，这就是我们的闪光之处，能够有效针对特定谈判对象发挥作用。

2

打造人设

在“立人设”的时代，我们需要一个外在的、被公众普遍认同的标签，以此来强化受众对我们的感知度，因此我们要精心设计自己的个人形象和言行举止，以此形成一种稳定的、差异化的、鲜明突出的个人风格，比如独特的穿着打扮、表达风格、行事习惯以及工作态度等，提供一个加分项。

3

制定方案

自我营销不是随口而出的吹嘘，而是有目标、有重点、有取舍的缜密计划。总的来说，要根据自己的目标受众来制定营销方案，这样才能从目标的特点、需求和心理状况入手，达到事半功倍的效果。比如在求职时，可以根据招聘方的企业文化、发展历程、领导偏好来调整营销方案的重点，做到“专业对口”和“量身打造”，能够为对方提供他们需要的服务内容和解决方案。为此，我们要尽可能地做好信息收集工作，包括但不限于行业动态、竞品特征、客户群体等信息，这样才能精准地符合受众的刚性需求。

4

提升技能

自我营销的核心在于个人综合能力和专业素养，对于职场中人而言，只有不断强化专业技能，跟上时代和社会的发展进程，才能为企业提供有价值的劳动。一方面，我们要不断提升对行业新闻热点的关注度，懂得借助行业风口获得自我营销的平台和机会；另一方面，我们要不断更新知识库，不要将学院中的理论奉若圭臬，而是要侧重于实用化、通俗化和普适化，这样才能游刃有余地应用于实操环节。

5

保持自信

自我营销不仅是展示个人才华，也是展示个人自信和魅力的过程，如果专业过硬但信心不足，同样难以让受众接纳，为此我们要在平时多训练演讲、沟通及写作等技巧，这样在关键时刻才不会怯场，通过流畅、准确的语言表达和文字表达展示自我能力和积极心态，以鲜明的形象标签和人格魅力感染受众，从而获得事业上的选择主动权。

6

品牌推广

自我营销贵在主动，不能局限于招聘会、求职面试等特定场景，而是要在一切适合的场合开展。比如借助社交媒体平台，通过个人账号的打造和经营，展现个人才能，依靠坚持不懈的更新来巩固粉丝群体，凭借有价值的内容分享吸引更多人关注我们，从而提升我们的个人知名度和影响力。

人生最重要的是经营自己，而自我营销就是经营的核心，它需要我们建立客观的自我认知，也需要我们不断在实践中提升和反思，从而有的放矢地开展自我营销工作，最终勾勒出一个具有正面价值的外在形象符号，以此为名片去打动受众群体，在行业中提升个人影响力，树立一面专属于自己的旗帜，而这就是我们主动把握命运齿轮的开始。

第4章

个人提升：

主动权驾驭术

01

战前磨刀：

剖析自我是关键

麦瑞在 13 岁时想要成为一名医生。这年圣诞节，父亲送给她一套由金属挂钩连接的人体骨架，麦瑞只用了两个星期就能将其熟练拆卸，她对人体骨骼的痴迷由此开始。麦瑞 19 岁时被霍普金斯医学院录取，尽管她缺乏实践经验，却依靠扎实的基础知识表现突出。霍普金斯医学院破例让她提前跟随教授们研究课题，她学习了大量的诊断技术，使自己的临床经验大大增加。然而尴尬的一幕很快发生了，麦瑞在一次手术中发现自己竟然晕血，见到新鲜血液的瞬间就头脑发晕、四肢冰冷。晕血对一个医生来说是必须攻克的难关，为此麦瑞开始在实验室里解剖白鼠和青蛙。为了测试自己能否克服这个困难，她特意戴上墨镜过滤掉鲜红的血液颜色，然而她很快就在血腥味的刺激下晕倒了。

学院得知麦瑞晕血后，建议她转修内科，这样就可以避免参与手术，可是内科的病人也偶尔会有咯血等症状，没多久麦瑞在一次查房时就被病人的鲜血吓得再次晕倒。这一次，麦瑞深深意识到，她真的无法改变自己晕血的事实了，这也意味着她必须和医学生涯告别了。于是，麦瑞休学回到家中，她常常在卧室里一待就是一天，甚至想过自杀。麦瑞认为，自己的人生可能就此终结了。

麦瑞的奶奶得知麦瑞的境况后，拿着从《国家地理》中精心找出的一沓照片，进入了麦瑞的卧室。当奶奶为麦瑞展示照片上美丽的风景时，麦瑞并不理解奶奶的用意，奶奶直到让她看完最后一张图片才对她说："孩子，在这个世界上，人生并不只有一条路，只要你想，就能选择另一条适合你的路，你同样可以到达一个更美丽的地方。"在奶奶的鼓励下，麦瑞重新振作起来，选了另外一所大学就读。毕业后，麦瑞无意中看到报纸上讨论芭比娃娃的新闻，有人反映芭比娃娃的身体实在太僵硬了，关节可动性很差。麦瑞忽然想起自己当年组装人体骨骼的事情，这恰好是她能够展现才华的地方。于是，麦瑞进入美泰公司，成为骨骼设计师，发明了骨瓷环，让芭比娃娃更接近真实的人体，同时改造了芭比娃娃的眼睛和额头，使其以更加灵活的状态展现给世人，一时间芭比娃娃风靡世界。

一些鸡汤励志文，总会鼓励人们无条件、盲目地去和困难做斗争，似乎人的意志力可以战胜一切。然而事实并非如此，有些短板是与生俱来的，与其和它们硬碰硬，不如先静下心来认真剖析一下自己："到底该不该继续下去？"

如果麦瑞是一个只知硬碰硬的死脑筋，非要战胜自己的晕血毛病，她大概率不会成功，即便成功了，她也很难成为一名优秀的医生，因为她把更多的时间和精力用来和短板做斗争了，反而让世界上缺少了一个出色的玩具设计师。

不懂得自我剖析，很容易让我们用短板去挑战世界，从而葬送了选择赛道的主动权。

当今时代是竞争激烈的时代，我们需要进行准确的自我分析，了解自己的优势和短板，从而更好地适应环境，寻找适合自己的工作，而最实用的方法就是 SWOT 分析法。

SWOT 分析法通过分析自身优势（strength）、劣势（weakness）、

机会（opportunity）和威胁（threat），从而对自我进行评估，预测未来发展态势。其中优势和劣势代表的是人的内部因素，而机会和威胁代表的是人的外部因素。将这4个因素结合起来分析，才能更好地认识自己。

1

优势（strength）

一个人的竞争优势主要体现在哪些方面？常见的有学历优势（专业技能过硬）、性格优势（具有适合从事某个行业的气质）、人脉优势（结交了能够帮助自己的特定人群）、经验优势（具备行业相关的经验储备）、认知优势（对某个行业有特定的信息渠道从而掌握最新资讯）等，根据上述内容列出表格，理性分析每项优势在工作中的实际作用，这样就能指导我们以差异化的优势超越竞争对手。

2

劣势（weakness）

劣势通常是和优势相对照的，比如学历劣势、性格劣势、人脉劣势、经验劣势及认知劣势等，这些代表一个人进入某个行业或者从事某项工作时有着更高的门槛和障碍。根据这些内容，我们可以逐一列出“拖后腿”的几项劣势，看看自己能否将其转变为优势，如果完全不存在改变的可能，那就要像麦瑞一样及时切换赛道。

3

机会（opportunity）

无论企业还是个人，市场环境、行业变化、时代发展都能提供乘风而起的机会，以实现跨越式的发展，因此从这个角度看，机会代表着潜在价值。这需要我们对几个要素进行预测，内容如下：

你所学习的专业是否成为行业最对口的存在？

你所在行业的客户群体是否有扩大的可能？

你从事的领域是否诞生了新的技术？

你所在的企业是否构建起了“企业护城河”？

你是否了解竞争对手，而对方对你一无所知？

回答完这些问题之后，我们就会认清自己掌握的是机会还是威胁了。正如麦瑞一样，她精通人体骨骼构造，但是如果没有芭比娃娃向全球推广的契机，她的才能也不会有用武之地。

4

威胁（threat）

回答完上述问题后，我们也就找到了自己的威胁所在。我们要把最致命的、最无法克服的威胁列出来，然后分析如何巧妙地避开，如果无法避开可能会造成哪些损失，只要这个损失在可承受、可控制的范围内就没那么可怕，反之就要考虑果断撤出，及时止损。

自我剖析是一种深入思考和反思的过程，通过自我观察和分析，我们可以更好地认识自己。自我剖析也是一个和自己对话的过程，它能够让我们倾听内心的真实感受和诉求，从而帮助自己更好地应对各种困难和挑战。自我剖析是一项艰巨的任务，只有当我们愿意为之探索和努力时，才能获得一个最接近真相的答案，让我们在竞争中掌握主动权，实现自我的成长。

02

思维淬炼：

培养下意识反应

亚历山大·阿廖欣是全球顶尖的国际象棋棋手之一，他保持了 17 年的国际象棋世界冠军头衔，他的智慧体现在国际象棋的多个领域，特别是战术实力，以及在复杂局面中寻找机会的能力。阿廖欣 7 岁时就学会了国际象棋，后来在观看了哥哥参加的一场盲棋车轮表演赛后，就深深爱上了国际象棋这项运动，为此阿廖欣开始刻苦学习和训练。他钻研了大量的开局理论，潜心阅读各种国际象棋文献，同时不断找人对弈练习。魔鬼式的训练让阿廖欣的象棋思维得到了飞速进步，也培养了他超强的下意识反应。12 岁时，阿廖欣就能进行盲棋（背对棋盘，别人告诉他走了什么棋子，然后他再告诉别人自己走什么棋子）比赛了。1909 年，在全俄业余联赛中，阿廖欣荣获冠军，随后的几年里继续参加各类赛事，他的名字也被大众熟知。1911 年，在大牌云集的卡尔斯巴德国象联赛中，阿廖欣过关斩将，在 26 位棋手中排名并列第六，而排在他前面的都是当时的知名国际象棋手，如鲁宾斯坦、尼姆佐维奇等。这意味着阿廖欣的国际象棋生涯进入了崭新的阶段。

1924年，阿廖欣在纽约开始了一场和26位棋手进行盲棋的车轮战，打破了由象棋高手皮尔斯伯里保持的纪录。这种盲棋对弈相当困难，他的大脑要同时记住26个棋局，总计有832颗棋子和1664个方格，而且和他对弈的也都是象棋高手，最终阿廖欣赢了17盘，平了4盘，输了5盘。第二年，阿廖欣又在巴黎和28位棋手进行盲棋车轮表演赛，这一次他打破了自己的纪录。

阿廖欣一生共参加过87次循环大赛，其中62次获得第一，以及5次对抗赛中4次获胜。他对国际象棋理论的贡献也是巨大的，他创造了好几个经典的开局变化，比如影响颇深的“阿廖欣防御”。此外，阿廖欣一生撰写了20多本棋书，其中有两本目前仍然是棋友们津津乐道的著作。

阿廖欣的盲棋棋艺之所以炉火纯青，和他平时的勤学苦练分不开，当然这种学和练并非只出苦力，而是将着力点放在“盲棋思维”上，通过反复练习让“盲棋思维”不断进化和淬炼，对行棋规律和棋盘各种对弈局面了如指掌。当对手走某颗棋子时，他就在脑海中将接下来的各种可能性都推演了一遍。这个过程是在瞬间完成的，这种下意识反应，就是长期专注于某个领域形成的强大心理表征。

高手和菜鸟的距离，只隔着一个“心理表征”。

心理表征，是人们理解和感知事物的基础，它对我们的决策、行为和情感状态有着重要的影响，简单地说它就是我们的下意识反应。比如当我们看到一只猫从面前经过时，我们不需要通过形状、毛色、叫声来判断它是不是狗，而能够马上认定它是猫，这就是通过生活经验的积累，让猫在我们的大脑中形成了一个心理表征，并不需要刻意地进行分析和判断。

心理表征代表着我们的学习成果，也能反映出我们的学习能力，让我们在接收和处理信息时充分掌握主动权。那么，我们该如何形成心理表征呢？

1

提升专注力

阿廖欣之所以能够用一个脑子和二十几个人下棋，并非因为他的记忆力天生出众，而是因为他长期专注于棋局的训练，对于棋盘、棋路已经了然于心，这种专注让他的大脑中深深印刻着一副棋盘。事实上，当我们专注于某项工作时，注意力越集中就越容易培养下意识反应。为此，我们必须在工作时屏蔽外界的干扰，避免在工作的时候看视频、闲聊、玩手机，如果感觉到注意力分散，可以尝试使用深呼吸和冥想等方式来集中。只有提升专注力，才能真正有效形成心理表征。

2

多维度思考

心理表征的关键在于“认知”，而想要全面认知某个事物，就要学会从多个角度去分析问题。比如，作为一个产品经理，就要从产品的外观、材质、使用、包装、营销、维修等多个维度去认识，这样才能真正了解产品。同理，我们所从事的某种工作，如果我们只是聚焦于书本，只学习理论，那就很难对这份工作产生全面认识，必须从多个维度了解，才能真正做好这份工作。

3

客观思考

心理表征关联的是主体对客体的认识，而主体认识一旦偏向主观、忽视客观，那就不可能建立正确的联系。因此我们在训练自己掌握某项技能时，必须摆脱主观情绪的干扰，完全以理性和客观的视角、心态去理解和分析，这样才能准确抓住客体的特征，形成正确的强关联。

4

收集信息

事物都是由多个部分组成的，而心理表征需要建立整体关联。因此我们要从整体着眼，将碎片化的、分解后的知识和信息重新整合，然后形成整体认知。正如阿廖欣的盲棋技术，是通过将棋子、棋路和棋盘整合之后形成的整体认识，我们对准备学习的知识和技能也可以按照大纲、章节、步骤等进行总结，方便实操。

5

改变大脑回路

心理表征本质上是一种条件反射，因此我们要通过刻意的练习来改变大脑回路，形成固定的、快速的反应机制。其主要方法是反复地练习，增加强度、力度和熟练度，将意识、动作、心理和脑神经全面连接起来并不断强化，从而使我们把关联的信息以预先存在的模式变成隐性记忆存储在大脑中。当我们遇到类似情况时，存储的各种心理表征就会自动读取并为我们所用。

6

不断反思

认识和理解某件事物需要一个过程，在这个过程中可能会犯错，因此我们要进行阶段性的回溯，判断我们是否对事物产生了错误认识，这样才能帮助我们找出认知错误，走出思维误区，避开思维盲点，通过不断复盘深入感知和理解，形成准确有效的心理表征。

高效心理表征的形成，需要多方面因素的共同发力，只有同步推进才能有的放矢，节约大量的时间和精力，成为竞争中握有主动权的一方。

03

心魔戒律：

主动没有好恶之别

吕蒙是东汉末年东吴人，从小家境贫寒，他不爱看书，只喜欢舞刀弄枪，一心想着靠军功报效国家。吕蒙十五六岁时，吕蒙的姐夫邓当带兵去攻打山越族，吕蒙偷偷随军出行，连杀了几名敌人。吕蒙的母亲得知后非常生气，想要处罚他，吕蒙却说："我的志向是建功立业，不入虎穴，焉得虎子？"吕母听了之后就放过了他。

吕蒙在战场上表现突出，但是他的文化水平很低，有一次一个军官仅仅嘲笑了他几句，他竟然将对方杀死，随后躲藏起来。当时的校尉袁雄为他说情，将他推荐给了孙策，孙策见吕蒙确有过人之处，就将他安排在身边做事。后来孙策遇刺身亡，孙权上位，见到吕蒙所带的部队作战勇猛，就给他加官晋爵。吕蒙也没有辜负孙权的期望，多次立下汗马功劳，被任命为平北都尉，此时的他也有些自鸣得意，认为治理天下光靠武力是可以做到的。但是孙权意识到，东吴的武将虽然人才辈出，可是能够达到周瑜、鲁肃这种帅才的水平的并没有几人。于是，他决心从手下的悍将中培养一些帅才，作为周瑜、鲁肃等人的候补，其中就包括吕蒙。

一次，孙权对吕蒙说：“现在你身居要职掌握军权，虽然作战勇猛但才疏学浅，需要多看看儒家经典。”吕蒙马上找借口说自己军务繁忙，孙权却说：“我并非让你成为张昭那样的饱学之士，你只要粗略学习一些治国治军的道理就行了。你说你忙，难道比我还忙吗？我每天都会抽出时间读书，读过之后就有很大的收益。”孙权的要求难住了吕蒙，因为他只要一拿起书本就头晕目眩，但是为了交差，他只能从最基础的认字开始，幸好吕蒙很有毅力，哪怕每天只学习几个字他也要做到。几年下来，吕蒙熟读兵书战策和儒家经典，随着知识的不断积累，他甚至可以和一些宿儒名士探讨治国安邦之策，他的个人气质也为之一变，从之前的凶猛悍将变成了风度翩翩的儒将。

生而为人，我们总会有这样或那样的缺点，如果我们满足于停在舒适区，这些缺点可能不会对我们造成严重的影响，但我们如果像吕蒙那样，想要将个人能力、眼界提升到更高的层次，那我们就必须主动改正缺点，而做到这一点的前提就是破除心魔——“只有喜欢才有主动去做的意义”。

判断一个人是否成熟的标志之一就是，做事情不是因为想做才去做，而是因为该做才去做。主动性不能和个人好恶挂钩，否则将会使我们在未来的某一天陷入被动。那么，如何破除心魔，主动去做不愿做的事情呢？

1

拒绝定义自我

当一个人习惯为自己贴上某个标签时，就等于给自己设定了成长范围，范围之外的就是自己不该学习的存在，这样就会束缚自我甚至否定自我，正如吕蒙曾经把自己定义为“一介武夫”，导致他对学习文化知识毫无兴趣。因此，我们应该用发展和变化的眼光看待自己，提升从新手到高手、从外行到内行的蜕变信心。不要对范围之外的事物产生排斥、厌恶甚至恐惧，而是应当用接纳的态度重新定义一个更强大的自我。

2

重目的而轻结果

当我们害怕失败时，就容易对某个要学习的对象产生排斥，陷入对结果的困扰和焦虑中。因此，我们要把注意力集中在“学习目的”上——为什么要学习它？吕蒙每天只认识几个字也有成就感，因为他不是为了考取功名，而是为了培养自己的学习态度和学习习惯，这样才能让我们放下功利心和恐惧感，专注于“提升”和“改变”的过程。

3

拒绝经验主义

每个人在学习的过程中或多或少会犯经验主义错误，这主要是由两个原因造成的。第一个原因，我们获得知识最基本的手段是实践，而经验是通过实践总结出来的，我们不会否定经验的价值，反而会把它当成指导学习的金科玉律；第二个原因，我们习惯于路径依赖，当我们从实践中获得了一条尚未验证普适性的经验之后，就会习惯性地用它来指导学习。经验主义会让我们远离陌生事物，沉溺于舒适区，错过提升自我的机会。

4

发挥创造性张力

著名管理学者彼得·圣吉在《第五项修炼》一书中提到了“创造性张力”这个概念，我们的目标和现实之间往往存在较大的差距，而这种差距会让我们产生情绪压力，从而感到沮丧等负面情绪，要消除这种负面情绪就要通过“创造性张力”来完成，它通常是指改变现实的积极策略。当我们被环境所逼需要学习新的技能时，会因为懒惰、时间紧、知识壁垒等因素产生压力，那么我们就要时刻提醒自己“不改变就会被淘汰”，然后通过克服拖延症、进行时间管理和循序渐进式的学习等来逐一应对，迫使自己激发出强大的斗志和潜能。

5

放弃幻想

吕蒙曾经固执地认为“武夫也能治理天下”，这就是一种不切实际的幻想。因此我们要主动改变，就必须打破幻想，不被眼前的安逸和暂时的成功所迷惑，多关注行业发展动态，多钻研真实案例，多和业内人士交流。

现实远比我们想象的残酷，我们要用今天的痛苦付出换来明天的高枕无忧。

几乎人人都有好逸恶劳、害怕改变的弱点。事实却是越是对人生意义重大的事情就越麻烦。如果因为好恶而拒绝主动，我们也就因此失去了人生跃迁的机会。只有当我们主动去做不想做的事情时，才能够真正领先对手一个身位，正如全新思维的践行者丹尼尔·平克所说："聪明的人们总是会主动做不喜欢的事情。"

04

歧路指南：

学会“悲观预判＋积极思考”

2002年1月的一天，日本著名钢琴家馆野泉在弹奏钢琴时，突发脑出血，从此右半身瘫痪。因为没有危及生命，馆野泉还是比较乐观的，认为自己只要恢复一段时间就能重新登台了。然而事与愿违，经过将近一年的时间，馆野泉的右手还是无法动弹，这意味着他的钢琴生涯可能提前结束。此时的馆野泉心情越来越失落，可是他的妻子玛丽亚对他说：“为什么不试试你的左手呢？”馆野泉愣了一下，他忽然想到，音乐界也有一些专门为左手演奏者谱写的曲目，于是他开始尝试。

馆野泉拿出英国作曲家弗兰克·布里奇的曲子弹奏起来，很快就忘记了自己是在单手演奏，从此他开始了左手演奏的生涯。但是因为左手的乐谱很短，无法撑起一场演出，于是他就找来音乐界的朋友，共同创作了约30首适合左手演奏的曲目。终于，馆野泉再次回到了舞台上，每年举办几十场演奏会，他弹奏的曲子都是为他量身打造的。此时的馆野泉已把自己当成了只有一只手的钢琴家，他不仅继续其演奏生涯，还拍摄了好几部纪录片，甚至跟当时的日本皇后美智子共同弹奏过一曲二重奏。

2006年，馆野泉在一次演唱会上，无意中用右手碰了一下键盘，他这才意识到，自己的右手已经有知觉了，虽然没有之前那么灵活，但是也可以配合左手弹奏。此时，坐在台下的妻子玛丽亚泪流满面，她终于见证了丈夫生命奇迹的到来。

生活中，我们总会遭遇意想不到的挫折，这些挫折可能会对我们造成重大的打击，而我们要做的就是以正确的态度去直面现实，做到“悲观预判+积极思考”。馆野泉遭遇右半身瘫痪，他的“悲观预判”就是不奢望自己能恢复如初。接受了这个残酷的现实后，他开始“积极思考”，沉下心来钻研单手弹奏钢琴。这种方式是有前人案例的，也是“条件允许”的，将这二者结合，就促成了馆野泉开启“左手弹奏”的崭新人生。而他右手的知觉恢复只是预期之外的欣喜。

唯有将“悲观”和“积极”巧妙地组合，我们才能摆正心态，在木已成舟的前提下学习新的知识、经验和技能，化逆境为顺境，变被动为主动。

在《社会认知》杂志上发表过心理学家的一项研究成果，认为悲观和乐观是人们在面对人生问题时所采取的不同思考方式，二者没有好坏之分。乐观者能够保持积极的人生观，容易看到事情好的一面；而悲观者则出于安全感和确定感，会考虑到事情最坏的结果。二者的优缺点都很明显：盲目乐观会导致对事物发展的障碍估计不足，盲目悲观则会丧失积极进取的动力。为此，心理学家曾提出“气质性乐观+防御性悲观”才是最合理的人生态度，而这个观点也能够指导我们养成正确的学习态度。

1

悲观预判

“防御性悲观”是指将悲观心态停留在认知策略层面，也就是在坏事未发生时就把自己的期待值降到最低，同时考虑可能出现问题的各个方面，做到未雨绸缪，这就是我们提倡的“悲观预判”。想要正面调用这一机制，就要合理使用“反刍式思维”。

反刍式思维是指人们过于沉溺于消极的思想和情绪中，反过来强化负面思想和情绪，导致悲伤、沮丧、焦虑等负面感觉的持续增加。从定义上看，这是一种偏向负面的思维，但如果能够将“沉溺”和“消极”替换为“苏醒”和“积极”，那么反刍式思维就能发挥正面作用：帮助我们复盘发生过的事情，从而总结经验教训，避免重蹈覆辙，增强学习力。当我们开启反刍式思维后，要先去寻找事件背后的意义，然后通过转换视角、分散注意力等方法，和反刍式思维“化敌为友”，让反刍式思维引导我们从正面积极的角度构建新的知识体系。

当馆野泉只剩下一只手能够弹奏时，他会不可避免地反刍式思考“我只能用单手弹琴了”，这显然是一种负面情绪，可是如果赋予它新的意义就变成了“我还有一只手可以演奏音乐”，这就是一种积极情绪。正是在这种自我暗示之下，馆野泉才能放弃“右手恢复如初”的幻想，同时屏蔽“我失去了右手”的负面情绪，而专注于“左手演奏”上，由此缓冲了命运带给他的打击。

2

积极思考

积极心理学之父、美国宾夕法尼亚大学心理学教授塞利格曼在《持续的幸福》一书中指出了让人们获得幸福人生的 5 个重要因素，即积极快乐的情绪、沉浸其中的投入、美好的人际关系、有意义和目的的事情、有收获和成就的感受。其中，积极快乐的情绪最为重要，因为快乐才能让我们投入学习，坚持去做有意义的事情并获得成就感。

“左手演奏”有难度吗？当然有，我们在学习之路上也会遇到类似的问题，这时我们要寻找愉悦的情绪赋予我们继续学下去的动力，就像馆野泉沉浸在单手弹奏的音乐世界里那样，最常用的方法就是保持开放的心态——“我还有一只手。”

开放的心态是一种包容的心态，也可以理解为我们平常所说的“豁达”，即平静地接受现实，不让自己置身于“绝境”中。美国宾夕法尼亚大学的研究团队认为，开放的心态能够促使人们积极地寻找与自己偏爱的信仰、计划或目标相抵触的证据，同时在有证据的情况下公平地权衡这些证据。换句话说，开放的心态可以接受那种颠覆既有认知的新观点，从而提高认知水平和解决问题的效率。

积极思考会带来积极情绪。研究发现，体验积极情绪的人能够运用非同寻常的、灵活的、创造性的思考模式，而这些都有助于提高信息加工的准确性和速度。切记，无论是学习还是人生，都没有什么可以让我们绝望，只要我们既不盲目乐观，又不忘积极思考，就会收获学习的硕果和人生的奇迹。

第5章

职场兵法：主动创造高效

01

避坑“内卷”：守住自己的赛道

1954年，奥普拉·温弗瑞出生，很快就被母亲丢给了年迈的祖父和祖母，年幼的她没有得到多少关爱，十多岁时走上了自甘堕落的道路。不过，奥普拉走过叛逆期后总算迷途知返，她在16岁时参加了一场盛大的演讲比赛，并获得金奖。此外，她还获得了田纳西州立大学的深造奖学金。至此，奥普拉发现了自己的优势，那就是有着出色的语言天赋。

19岁时，奥普拉成为纳什维尔一家电视台的第一名黑人女记者。后来，她跳槽到巴尔的摩的电视台，主持一档晚间新闻节目，她为此投入了十二分的热情。然而很多人开始攻击她的外表，认为她长得实在太丑了。奥普拉也觉得这是自己的短板，就特地跑到整形医院，没想到医生竟然也嘲讽她长得太丑了，没有整形的价值，这让奥普拉十分难过，她开始怀疑自己是否选错了赛道。就在这时，奥普拉被台里调去主持一个名叫《人们在说话》的谈话类节目，首次邀请的嘉宾是《死亡诗社》中老师的扮演者罗宾·威廉姆斯，奥普拉和对方以聊天的方式沟通，气氛轻松，效果很好，奥普拉开始自信起来，由于她语言组织能力很强且非常机智，能够快速抓住嘉宾转瞬即逝的情绪波动而提出深刻的问题，让观众十分喜欢。自然，《人们在说话》的收视率也越来越高。

1984年，美国芝加哥的WLS电视台以23万美元年薪的价格请奥普拉主持一个叫《芝加哥早晨》的节目，次年该节目改名为《奥普拉脱口秀》。1988年，奥普拉创立了自己的公司，拥有《奥普拉脱口秀》的全部版权，她的财富迅速积累。2022年，奥普拉以26亿美元财富位列《2022年福布斯全球亿万富豪榜》第1196位。

奥普拉拥有语言天赋，因此她选择了主持人这条赛道，但同时她也有着形象上的短板，由于不堪行业内激烈的“内卷”，她一度产生放弃的念头，直到她发现自己在面对面采访时能够做到灵活应变以后，才坚定地守住了这条赛道，以扬长避短的方式超越对手，最终从一个出身卑微的女孩变成了强者。

美国管理学家彼得斯曾说：“21世纪的工作生存法则就是建立个人品牌。”所谓个人品牌，就是一个人的专业招牌，也是其在职场上安身立命的关键。如今是一个“内卷”时代，同行业内的打工人往往会不惜一切地拼命工作，通过透支时间、精力等方式超过竞争对手，于是就有越来越多的人被迫“卷”了起来。然而，这真的是唯一的选择吗？

“内卷”永远不是制胜之道，因为总会有比我们更能“卷”的人，我们也总会有“卷”不动的时候。那么，不靠“内卷”，如何在职场上守住自己的赛道呢？答案就是打造个人品牌。

个人品牌代表着一个人的核心竞争力，是其在职场上不可替代的价值。它不是一个空泛的概念，而是一个具体的IP（Intellectual Property，知识产权），如“营销高手”“技术大拿”“公关王者”等，当团队需要一个人出手的时候，他们首先想起的不是他的名字，而是代表他核心价值的IP，就像人们看到变形机器人就会想到电影《变形金刚》，谈到饮料就会想到百事可乐一样。那么，如何打造个人品牌呢？

1

定位思维——我们应该成为哪种人

美国著名营销专家艾·里斯和杰克·特劳特在合著的《定位》一书中，对“定位”进行了深刻的剖析：从广义层面来看，包括人生定位、职场定位、职能定位等诸多方面，这些都决定了一个人能站多高、走多远，因为人们普遍认为定位理论是品牌管理的“第一性原理”。

如何定位不能一概而论，这要从个人所属行业的特点出发。比如，某人是做 C 端（个人用户端）的，对接的都是个人用户，那么他就应该把自己打造成具有意见领袖特质的角色，能够在用户提出问题后以“大神”的身份给予答案。同理，如果他面对的是 B 端（企业用户端）用户，那就要打造出一个团队领袖或者团队骨干的形象，让企业用户一看到他就会想到他的背后有大量的技术能人和营销高手。有了清晰的定位，客户才会对这个人产生足够的信赖感。当然，定位思维也不能完全脱离实际，比如一个人沟通能力确实不强，那就不能把自己定位成“调节高手”，不妨定位成“端水大师”，做到谨言慎行，不轻易得罪人，不说错话，这样既不会超出个人的能力上限，也不会超出自己预期的定位范围。

2

平台思维——选择哪个平台对我们更重要

个人品牌的塑造单靠一己之力是很难完成的，需要借助平台的力量，这个平台可以是行业龙头企业，也可以是某个普通企业中的明星部门，抑或是企业之外的直播平台、社交平台等。总之，它们的类型并不重要，排名和资源才是最重要的。

为什么有些毕业生宁可去大厂拿着不高的工资做实习生呢？就是因为平台带给他们的附加价值很多，比如信息、视野、人脉、企业文化等，而这些经历和资源就是他们进入下一家企业的敲门砖，也是个人品牌塑造的开始。所以，我们要避免那种“一切向钱看”的思维，不能单纯以收入的多少来衡量工作的价值。因为市场在变，我们所属的行业和企业都有陷入困境的可能，但是个人品牌是不会轻易贬值的。

对于职场新人来说，有机会去大厂锻炼就是为自己“镀金”。如果竞争实在激烈，缺乏机会，那也可以退而求其次选择二线或者三线城市中的优秀企业。总之，我们要考虑的是所在的平台能否为我们做能力、声望、经验等方面的“背书”，哪怕只占其中一条，都能增强我们的个人品牌力。

塑造个人品牌需要勇气和决心，不过这也是一次重新发掘、认识和定位自我的过程，它能让我们避免因为“内卷”而陷于被动，而是主动寻找并坚守属于自己的赛道，在残酷的职场竞争中笑到最后。

02

不惧竞争：

永远比别人先提速

1996 年，电视剧《宰相刘罗锅》在全国热播，其中有一集讲到皇帝吃荔浦芋头的情节，很多北方观众没有吃过，自然会好奇它的味道是什么样的。大连有一位名叫刘岩的女士跑到荔浦芋头的产地广西，当电视剧还没有播完时，她就从广西批发了一车荔浦芋头回到了大连，当时每斤的成本不到一块钱，但零售价却是两块钱一斤，刘女士的芋头迅速脱销，一车赚了四万多块钱。

刘岩从来都是一个快人一步的人，当年她在摆摊卖水果时，别人都是坐等顾客上门，而她则是主动寻找顾客。1990 年前后，刘岩发现果盘是大连很多高档酒店的刚需，她立即跑遍大连所有酒店去推销水果。2000 年，当大连第一家国际大型超市开业时，她又是第一个赶到，主动要求为对方配送水果蔬菜。到 2002 年，刘岩已经成为大连市最大的超市水果蔬菜供应商，年销售额 1000 多万元。

2004 年，刘岩来到福建省平和县蜜柚种植基地，和当地农民签订了长期包销订单，在拥有了产地作为基础后，她马不停蹄地在全国 28 个城市建立了物流配送中心，为多家大型超市配送水果蔬菜。在经营方面刘岩也很有眼光，很多商家不愿收购外表粗糙的尾期果，而刘岩认为尾期果成熟时间长，比早期采摘的水果更甜，就用尾期果在超市搞促销，每年能销售1000多吨，增收500多万元。

刘岩将一平方米的水果摊发展成上亿规模的企业，被人称作“创造财富的传奇女子”。有人问她：“在你眼里，好像赚钱的机会到处都是，你的制胜秘诀是什么呢？”刘岩回答说：“如果说有什么秘诀的话，那就是比别人快走一步。商场如战场，‘快’永远是商家取胜的关键。”

职场竞争，永远是更青睐有准备的人，因为他们能比别人率先抓住机遇，比别人率先提升自我，比别人率先得到团队和领导的认可，这就需要我们在3个方面做好准备。

1

培养一专多能的知识结构

如今的职场竞争不仅是专业素养的竞争，更是综合能力的竞争，只在某个特定领域拔尖而缺乏相关领域的能力，会让匹配的机遇基数减少，要想提高综合竞争力，就需要我们构建T型思维。

T型思维是根据“知识结构”划分的新型思维方式，其中T的“横”代表知识面、经验、思维开放程度、整合能力、视野和格局等关键词；而T的“竖”代表知识的深度、行业认知的深度、专注度、参与度和根源性思考等关键词。那么，综合来看，T型结构就是一个人既有专业知识又有广阔视野的思维方式和能力储备，具备这种思维能力的人，才能在职场的残酷竞争中具备更强的适应性，更容易发挥“救火队员”的作用，因为他们在认知视野、能力架构、行业嗅觉等方面都走在了别人的前面，自然就容易成为团队核心。

T 型思维转移到能力层面的表现就是变身为复合型人才，而这正是当今社会非常需要的人才类型之一，因为在过去的时代，社会要求一个人掌握的知识和视野是有边界的，而目前各行各业的边际正在变得越来越模糊，所以我们才要有意识地培养 T 型思维。

2

培养行业观察的敏锐度

快人一步，就要比别人更早发现和捕捉机会。对于职场中人来说，就是对行业变化的敏锐度。打个比方，某个人当前从事的工作是社群运营，在这方面积累了不少知识和经验，但还不足以和其他人拉开决定性的差距。这时他发现一些做社群运营的人在做直播带货，这就需要对销售的策略、手段有基本的了解，那么他要拓展的知识面就是产品销售，这样一来，当他把社群运营和产品销售结合之后，就成了既有吸粉能力又有变现能力的运营人才，能够取代或者打败他的人就会大大减少。

那么，如何捕捉行业信息呢？通常最实用的方法是利用网络资料。

一个源头是主流行业媒体，如网易科技、虎嗅、36 氪等，阅读它们近年来的资讯，了解它们都在披露什么信息，比如哪些企业拿到了融资，行业内哪些公司的盈利状况较好、财报里面透露出哪些隐藏信息等；另一个源头是各大智库网站，比如易观智库、企鹅智库、艾瑞网等，看看它们都发布了哪些行业报告，根据这些报告和相关的报告解读判断本行业的发展趋势并预测未来。除此之外，线下的一些展会、座谈会、圈内聚会也能帮助我们收集有价值的行业信息。当我们持续不断地关注这些信息时，就会始终保持对“世界正在如何变化”的高敏感度，当我们将这种习惯保持半年以上之后，就会产生完全不同的行业视角，从而使我们更精准、更高效、更快捷地发现行业机遇。

3

培养使用目标锚定法的习惯

目标锚定法就是我们把注意力集中在实现职业目标上，从而保持较高的专注度，避免情绪内耗。这种聚焦终极目标的方法会让我们成为最先“开枪”且“命中”的优秀射手，实现对职业上限的突破。对于职场新人来说，目标锚定法能帮其迅速解决效率低下的问题，即缩小其和老员工、优秀员工在经验和能力上的差距。

通过聚焦目标，我们会发现常见的几种干扰效率的因素。

优柔寡断：缺乏对信息的筛选能力，收集了大量的无效信息，而锚定目标后，就能迅速摘取关键信息。

注意力分散：总是被各种电话、邮件打断，无法迅速进入工作状态，而锚定目标后，就会合理拒绝一些临时插入的琐碎小事，确定工作的优先级。

大量返工：工作推进速度快但是后续需要大量返工，而锚定目标后，会发现犯错的根源是偏离工作主题，对上级、客户的理解不到位，没有选择合适的数据、图标、文案才导致质量下降。

职场是一个充满竞争和变化的环境，我们只有敢于尝试，积极行动，才能掌握竞争的主动权，从而在职业的道路上快人一步，实现个人的职业理想。

03

鲶鱼心态：

制造挑战，提升 KPI

二十世纪六七十年代，在加拿大有一个名叫特里的年轻人，他从小酷爱体育运动，可是命运在他 18 岁那年发生了重大改变——他被确诊为骨癌，不得已截掉了右腿。对于热爱运动的特里来说这简直是天降灾难，可是他没有自暴自弃，一边积极地接受治疗，一边安慰身边的病友。然而，当时加拿大对癌症研究的投入十分有限，能够有效延缓和治愈病症的药物十分缺乏，很多病人患病后只能默默等死。特里得知这些情况后，打算为自己和病友们做一件有意义的事情。

一天，特里在报纸上看到一个安装假肢的人在奔跑，这则新闻打动了他，于是他戴着假肢，穿上跑鞋和印刷着“希望马拉松”字样的 T 恤衫，开启了他的慈善义跑生涯，为癌症病人募集捐款。当时，特里为自己制定的计划是横穿加拿大。然而，只有一条腿的特里很难完成这个挑战，他的左腿每跨出一步，残余的部分右腿只能跨出一小步，更重要的是没人认识他，更不要说解囊相助了。虽然困难重重，但是特里还是坚持每天跑 28 英里（约 45.06 千米），走过了加拿大的每一个城市和村镇，向路人讲述自己义跑的意义。起初，没有人在意特里，但是随着他的身影出现在加拿大的各个地方，越来越多的人知道了他的故事，他们被特里的勇气和意志所感动，有些人为了见他一面在路边等待几个小时，人们也纷纷解囊相助。

特里每个礼拜只休息一天，他的义跑持续了143天，后来他的癌细胞全身扩散，然而他还是每天忍着剧痛奔跑，最终因体力不支倒在了路上。只活了22岁的特里，用奔跑5300千米的代价换来了2400万加元的捐款，后来这笔钱用于赞助医学研究，帮助和特里一样的癌症病人，加拿大的所有政府部门也在特里去世后为他降半旗致哀。

人生在世，难免会遇到各种挑战，有人选择逃避，也有人选择直面，不过还有一类人是主动给自己制造挑战，因为完成挑战就代表着自己获得了提升，就像特里那样。

职场的生存状况和行业变化都存在着不可预知性，如果我们安于在舒适区内完成没有难度的KPI（Key Performance Indicator，关键绩效指标），那我们只能保住当前的饭碗，一旦企业、行业乃至市场发生变化，KPI的指数就会增加，这时不能完成目标的就会被淘汰出局。因此，出于未雨绸缪的目的，我们也应该不断挑战自我，增强应对风险的能力。

1

提升目标管理能力，进行自我校正

美国管理学家德鲁克提出了“目标管理”的概念，它被称为“管理中的管理”，其核心内容主要包含两个方面：一是强调完成目标，实现工作成果；二是发挥人的作用，强调员工自主参与目标的制定、实施、控制、检查和评价。对于职场中人而言，目标管理就是明确个人专注提升哪种职业能力、以哪个企业或者平台作为展示才能的场所等。

目标管理是综合个人目标和组织目标，通过个人自主管理实现目标的管理方法，它能够让人集中注意力。树立主导目标能让我们的付出有的放矢，它的核心功能就是把“领导让我做事”变成“我要做事”。企业每年都会设置不同的KPI，而KPI是根据企业自身的发展和市场状况来调节的。职场发展也是如此，因为随着经验和财富的积累，我们的能力会提升，之前设定的目标很可能不再对我们产生诱惑力，甚至会限制我们才能的发挥，这时就需要对旧目标进行调整，设定一个更符合现阶段需求和能力的新目标。正如美国畅销书《人生的支柱》中所说：“每个人都是目标的追求者，一旦达到目标，第二天就必须为未来的第二个目标动身起程……人生就是要我们起跑、飞奔，不断规划未来，全力以赴。”目标管理是一个螺旋上升的管理过程，需要我们不断进行调整和修正。

2

避免盲目跟风，学会审视自我

自我挑战中很难逾越的障碍之一就是盲目跟风，盲目跟风会让人们的认知受到束缚，而能力也会随之被限制。要想打破这一桎梏，我们就要学会审视自我、认清现实。

一些职场新人往往会根据集体的行为做出相应的模仿动作，比如同事在准备财会考试，自己也马上“接受挑战”，或者看到哪个行业如日中天就急于跳槽，却没有考虑到学习成本和机会成本，也无法利用职业人脉，导致自己入局时风口消失、赛道变窄。这种盲目的“挑战自我”是在浪费时间和精力，而我们要制定的KPI必须针对自身特点，是为了通过考验来寻找和提升自身核心优势的。

人们常开玩笑说“贫穷限制了自己的想象力”，其实真正限制我们想象力的往往来自自己或者他人的错误经验，这就需要我们学会反躬自省，以找到正确的答案，可以采取以下方法。

静心冥想：可以帮助我们排除外界干扰，专注于内心世界，通过静心冥想来观察思想和情绪的变化，发现它们是如何影响我们的行为和决策的，寻找为何存在挑战失败的情况。

自我提问：提出具有深度的问题并尝试进行解答，比如“我的职场终极目标是什么”“我为什么会做出这样的决策”等，回答这些问题有助于我们深入理解自己的动机和欲望，提高完成挑战的信心。

获得反馈：通过征求他人的意见寻找不同的视角，帮助我们全面地认识自己，用外界的声音提示自己重新审视自己的职业道路，从而了解自己的挑战方向和挑战重点在哪里。

主动制造挑战：未来是我们的必经之路，而打通未来的唯一方法就是在持续的挑战中突破自我，这样才能使我们获得最理想的职业发展前景。

04

新手禁忌：完美是执行力的绊脚石

一位陶艺教师在开学时宣布了一个消息：他准备把学生分成两个小组，一个是数量组，另一个是质量组。数量组的学生得分高低取决于作品的数量，而质量组的学生得分高低取决于作品的质量。打分的过程十分简单：在最后一节课时，老师拿来一杆秤，给数量组学生的作品称重，只要超过 25 公斤就认定为 A，超过 20 公斤认定为 B…… 以此类推。至于质量组，则必须拿出一个完美的作品才能获得 A。老师本以为质量组的作品会更加出色，然而到最后一节课的时候，奇怪的事情发生了，那些高质量的作品无一例外都来自数量组。老师经过询问得知，虽然数量组的学生一直在忙于完成大量的工作，可是他们从错误中不断总结经验，技法得到了快速的提升，作品质量自然也越来越高。相比之下，质量组就是另一番景象了，学生们不急于出作品，而是坐在工作台前构思、推理最完美的制作方法，而摆在他们面前的只有一堆黏土。

在工作中我们可能会有这样的想法，做事力求完美，绝对不允许出任何差错，一旦没有达到预期就会懊恼不已，生怕领导或者同事对自己不够满意……如果存在上述情况，这可能是掉进了“完美主义”的陷阱之中。

在工作上追求完美本身没有错，但是在追求完美的过程中我们会犯错，同时，为了保持这个状态我们也会承受巨大的心理压力。这就是心理学上对完美主义的两个不同划分：一个是完美主义追求，另一个是完美主义担忧。很多人身上或多或少存在着这两种倾向，只是在遇到具体事物时会表现出不同的反应，因此过于苛求完美甚至有可能导致灾难性的后果。

丘吉尔曾说：“完美主义等于瘫痪。”如果一个人为了在工作中达到完美而拼尽全力，不仅很难达成预期，内心也很难获得真正的快乐。过分追求完美是职场中的大忌，现代人常说的“精神内耗”很多源于这种心态。追求完美，会让我们的行为发生扭曲，即在不该发力的方向上使劲，最终造成事与愿违，事倍功半。想要避免被完美主义绑架，首先要克服两种心态。

1

“洁癖性成就感”

这是一种对成就的洁癖心理，即我所完成的工作成果不能存在一丁点儿的瑕疵，这种心态的出发点是好的，可是一旦进入执行环节，就会让我们将注意力放在“清除瑕疵”上，而忽略了任务本身，无法看到工作的全貌，从而导致成果更加不完美。打个比方，小张是项目组的负责人，整个项目都在按照他的预想“完美”推进，直到他发现某个成员的工作标准未能达到他的要求但并不影响结果，可是他会出于洁癖心理强行让那个成员按照他的要求和节奏进行，结果和那个成员发生了矛盾，从而导致工作进度被耽搁。

一般来说，“洁癖性成就感”和强烈的自尊心有关，意味着我们不愿意接受一个不完美的自己，然而“人无完人”就是现实，为了捍卫自尊而做出极大的牺牲是不值得的，这需要我们及时调整心态，正视现实。

2

逃避心理

有时候，所谓的“完美主义”其实是对拖延症的美化，也就是说我们迟迟不愿出手不是因为刻意追求完美，而是不敢轻易下手，在执行层面上就是拖延。实际上，“完美的时机”是不存在的。它需要我们做好准备主动出击，甚至在必要时刻由我们去创造，无故拖延只会让这个时机离我们越来越远。怕犯错而不出手，这是一种怯懦心理，最终我们的畏首畏尾会让别人捷足先登，届时我们的表现才会变得真正不完美。

在认清两种心态之后，我们就要及时将其清除，同时培养正向的、积极的心态。

1

结果呈现高于一切

职场上唯一该重视的就是结果，或者准确地讲叫“结果呈现”，即把我们的工作成果展示给领导和同事，其他相对而言都没那么重要。对于很多领导和同事来说，我们的能力不是通过在执行过程中表现得完美无瑕来展示的，而是能为企业创造何种价值，能帮助团队解决何种问题，我们可以选择走捷径，也可以使用“笨办法”，只要结果达标，就能够得到大家的认可，而一旦陷入完美主义，就会把时间和精力都消耗在过分追求完美的过程中。

努力完成结果的要点在于认清自己，突破短板，借助外力，减少试错。因此，我们要认清自己和团队的优势是什么，短板又在哪里。对于苛刻的要求要尝试降低难度，哪怕是来自领导和客户的，否则从一开始就注定会失败。同时也要适当降低自己和团队的预期，以符合现实条件为着眼点进入执行环节。

2

不必焦虑“没有做好”

工作中的瑕疵是无法避免的，特别是需要分工协作的团队行动，总会有人有意无意地“拖后腿”，只要不影响整体进度就不必过于较真。从另一个角度看，无论是个人还是团队，即便真的在某项工作中达到了完美的标准，很可能也只是运气较好、时机成熟等意外原因，并不真正代表个人和团队的真实能力，因此存在一些小缺陷、小瑕疵反而更接近真实状态，不会让我们对自己和团队产生错误的高估。

人无完人，我们要接受自己的普通，在工作中尽力而为即可。职场新人如果工作成果暂时没有达到领导的预期，也不要过度苛责自己，但要吸取教训，努力改正错误，尽量缩小与老员工、优秀员工的差距。保持一种良好的心态，情绪健康才能让职场工作更加轻松。

3

完成比完美更重要

执行力注重的是效率，效率高低通过时间来体现，而对完美的焦虑会让人浪费时间。因此一旦开启工作任务，就必须马上制定工作计划，进行工期倒排，严格确定不同时间节点的工作内容及责任划分。有了工作进度条，我们才会产生执行压力，借助紧迫感来消除完美主义的焦虑，逼迫自己利用现有资源完成市场调研、客户对接、方案撰写等工作内容，让领导和同事亲眼看见我们的推进速度和执行情况。

推动自己做得越来越好，对职场新人而言是值得肯定的。因此我们要的是“尽量做得完美”而非“必须做得完美”。职场新人更重要的是在短时间内出奇制胜，争夺脱颖而出的主动权，而完美主义就是阻挡执行效率提升的大敌。只有克服了这个心魔，我们才能在职场中披荆斩棘，以结果论英雄。

第6章

谈判杀招：

主动碾压真诚

01

求职面试：
让工作主动锁定你

姜子牙又名姜尚，商末周初人，其先祖因辅佐大禹治水有功而被封于吕，所以他也被称为吕尚。相传，姜子牙曾经当过屠夫、小商贩，生活一度困苦不堪，过着朝不保夕、漂泊不定的生活，直到70岁还一事无成，甚至被老婆嫌弃。后来，姜子牙听说西伯姬昌尊贤纳士，于是千里迢迢来到西岐，不过姜子牙并没有主动去找姬昌自荐，而是来到渭水支流磻溪旁住了下来。他每天只干一件事，就是用不挂鱼饵的直鱼钩距离水面三尺悬空钓鱼。一名樵夫看到姜子牙钓鱼就嘲笑他："像你这样钓鱼，恐怕一百年也钓不上一条鱼。"然而姜子牙不以为然地表示："你不知道其中的原因，我不是为了钓到鱼，而是为了钓王与侯。"很快，姜子牙用直钩钓鱼的事情就传遍了渭水河畔，最终传到了姬昌的耳朵里。

一天，姬昌外出狩猎，果然在渭水边上看到一个老头用直钩钓鱼，对姜子牙产生了强烈的兴趣，于是就主动过去和他攀谈。聊着聊着，姬昌发现姜子牙十分有才，他既精通兵法之道，又懂得治国安邦之法。姬昌认为姜子牙就是自己苦苦寻找的人才，于是盛情邀请他出山帮助自己。此时的姜子牙欣然同意，决定追随姬昌干一番事业。

在姜子牙的辅佐下，姬昌一方面大力发展生产，一方面训练兵马，让自己的势力越来越强大，为推翻商朝、建立周朝打下了基础。

“姜太公钓鱼”是中国人耳熟能详的故事，站在不同的视角有不同的解读，如果从求职面试的角度看，姜子牙的“面试”是相当成功的，因为他没有草率地向姬昌推荐自己，而是在乱世中用“直钩钓鱼”这一怪诞之举宣传自己，最终“钓”到了他日后辅佐的君王。这就是让工作主动锁定你，而不是被动地接受雇主的挑选。

面试是求职路上最重要的一关，它决定了我们是否能够通过自己的表现赢得面试官的青睐。不过，一些职场新人急于求成，在面试时表现出过于强烈的入职愿望，即便本身能力不差，却因为“自降身段”削弱了面试官接纳自己的意愿，最终事与愿违。

从这个角度看，求职中的“过分主动”本质上是被动，让面试官对求职者挑挑拣拣；相反，求职中的“被动吸引”反而是一种主动，让面试官不得不重视求职者的价值，求职者反而有了挑选雇主的主动权。

那么，我们该如何效仿姜子牙，成功吸引面试官的注意力呢？

1

与众不同的自我介绍

在面试时求职者会介绍自己，如果内容平淡，与其他竞聘者相比毫无特色，那就先输了一分，哪怕背诵得十分流畅。实际上，最能引起面试官注意的方法是“自我介绍 + 展开讨论”，也就是在介绍自己的基本信息或者工作经历之后，自我进行点评并给予面试官提问的切入点，比如“我在

2022 年 8 月参与策划了市级博览会，整体结果达到了我们团队的预期，但是也有声音认为过于大胆创新，不知道您是怎么看的”。这种“叙述 + 讨论”的搭配方式，既不会让面试官觉得千篇一律，又增加了和对方进行信息交互的机会。更重要的是，我们敢于对自己的过往经历进行点评，一方面是有足够的自信，另一方面也愿意倾听他人意见，直接获得了印象分。

如果你是应届生，可能没有工作经验，那么就要拿出相关的毕业作品，比如由你或者和团队一起开发的软件、设计的作品等，实在没有也可以用毕业论文、实验视频代替，这样做是为了让面试官通过你的作品侧面了解你的做事思路和解决问题的能力，判断你是否符合岗位要求。

很多新人在求职时不敢放开和面试官交流，主要是因为持有一个错误认识——“我找工作时处于弱势地位”，这其实是不对的，面试原本就是双向选择，求职者有谋生、实现自我价值的需求，雇主也有生存和发展、寻找人才的需求，只有把自己和对方置于平等的位置上，才能拿回面试主动权，不被面试官牵着鼻子走。

2

敢于讨论关于应聘岗位的话题

通过了面试官的“印象关”之后，对方就会对求职者展开进一步的问询，通常就是了解求职者是否适合应聘的岗位。很多新人在过这一关时也常常陷于被动，等待面试官提出问题，然后自己以出色的方式去回答，这其实还是以被动心态接受面试。更加主动的做法是，在自我介绍之后，向面试官提出类似的问题：“请问贵公司这个岗位的主要职责是什么呢，比较偏重哪一方面的能力？”这种提问往往会让面试官眼前一亮，因为这代表求职者对应聘岗位有主动了解的意愿，同时对求职者来说，把问题率先抛给对方，能够让自己提前获知该岗位是否和自己契合，反之，如果求职者先介绍了自己的长处，结果和岗位不匹配，这种主动就是盲动。

当面试官简要描述了岗位状况之后，你就要大胆地展示自己的才华，比如你对岗位的理解、你对前任员工存在的问题的分析等，不要担心这么做会得罪人，因为雇主招工的目的就是找人帮助他们解决问题，你越早表现出这方面的优势就越能体现自己的价值。切记，在对前任员工的工作进行点评时，侧重点应该放在“如果是我我会怎么做”，而非评判前任员工的能力，要给面试官“我更优秀”的感觉，而不是“前任比我更差”。

求职面试虽然重要，但也不必过分紧张，以小心翼翼的态度去应对，反而会让自己犯错甚至出丑，要学会建立自信，把“雇主选择我”理解为“我选择雇主”，这样才能在面试中适应节奏，赢得主动权。

02

合作洽谈：反其道行之

日本最富传奇色彩的保险推销员原一平，曾经连续 15 年在日本保险业绩排行榜中排名第一，他之所以能够取得这样辉煌的成绩，和他不按套路出牌的推销策略有关。

一次，原一平预约了一位企业家洽谈保险方面的事情，然而在见面后对方只是看了他一眼就做自己的事去了。这个不礼貌的举动让原一平非常尴尬，随后他大声跟对方说："您好，我是原一平，很冒昧打扰了您，我改天再来拜访。"企业家被吓了一跳，疑惑地看着原一平问："您刚才说什么？"原一平做出要离开的样子说："告辞了！"企业家从未受到过这种待遇，立即叫住了原一平："你这人怎么回事？刚来就走。你究竟想干什么？"只听原一平说："我刚才听前台小姐说您很忙，于是就麻烦她给我一分钟的时间见您，现在我已经问候完了，所以就向您告辞。改天我再来拜访！"原一平一边说一边留下了名片，然后离开了办公室。

一般来说，留下名片就走不会给人留下深刻的印象，但是原一平这种“不礼貌”的访客还是让企业家印象深刻，对他拜访自己的目的充满了好奇。过了几天，当原一平再次拜访这位企业家时，企业家的态度来了个一百八十度大转弯，他在见到原一平后马上起身相迎：“又是您！您这人真奇怪，前几天才来了没一会儿，什么也没说就走了。”原一平笑着回答说：“那天真是抱歉，打扰了您。”企业家马上招呼原一平就座，还没等原一平开口，企业家就主动与之交流起来，原一平也顺水推舟地推销起了保险，结果这一次顺利地拿下了订单。

对原一平而言，遇上这种态度傲慢的企业家，过于主动地和对方搭话只会适得其反，遭人厌恶，不如适当冷落一下对方，让对方对自己产生好奇，然后借着下一次见面的机会使对方主动和自己攀谈，这种反常规的打法可以取得预期的效果。

商业领域的合作洽谈有着对应的规矩，很多新手会认真学习这些规矩，这是入行的必经过程，但是一些新手将这些规矩奉为圭臬，当成了不可违背的执行法则，这样反而会被规矩套牢，原因很简单，你的谈判对手同样了解这些规矩，你按常理出牌的行为都在对方的预料之中，无论你多么积极主动，在事实上都已经陷入了被动。因此，想要变被动为主动，就要敢于打破所谓的常规，反其道而行之，才能谋求利益的最大化。

1

自降身价，掌控回旋余地

很多业务人员或者企业创始人，为了让合作方重视自己，往往会赋予自己较高的“身份认证”，要么声明“我是 CEO 全权委派的，有决策权”，要么强调自己是“董事长”，总之就是明白无误地告诉对方“我有最终的决定权”。从表面上看，这样做的确能够让对方重视自己，至少不会像原一平和企业家的初次见面那样尴尬，但是这样一来会让自己失去回旋的余地，也就是说当谈判陷入僵局，需要多方面进行论证和考察时，你的“决定权”反而会让你失去退路，从而陷入被动局面。

最合理的做法是，不要强调自己的“决策权”，即便你真的权力很大，也要给自己留出后路，如果你就是企业创始人，也要强调“联合创始人”这一身份，言外之意就是你还有其他的合作伙伴，不能独自定夺。因此，当合作遇到阻碍时，你就有理由大胆告诉对方：“抱歉，这个问题比较重要，我得回去跟合伙人（或者上级）讨论一下再答复你。”由此，你就可以用一个“不存在”或者“不用露面”的人来给自己的谈判权力设限，有正当理由拒绝对方，迫使对方在后续做出让步。

2

主动出击，打乱对方节奏

掌握主动权的关键点是不能跟着对方的节奏走，因为这是对方事先谋划好的，做了充足准备的预案，会让我们陷于被动。所以，我们要在谈判中及时出击，干扰对方的思路，进而攻破对方的心理防线。

曾经有一家德国企业去日本谈判，原本准备得十分充分，结果到了日本后，日方了解到德方会在当地停留 4 天，于是带着德方四处旅游观光，在最后一天才开始谈判。当德方看着日方提交的堆叠如山的资料后，也无心一一细看，只能卡着签约的最后期限达成了合作，让日方轻易夺走了主动权。

商业谈判，赢在出其不意，如果一切遵照规矩、礼仪，只会让自己陷于被动，为了己方的利益最大化就要敢于抛弃传统思路，不给对方思考的余地。

3

率先报价，占据心理锚点

心理学有个概念叫“锚定”，指的是人们在做判断时容易受到第一印象支配。基于这个原理，我们在谈判中一定要比对方更早报价，这样一来，后续无论对方如何杀价，大体上都会围绕着我们最初的报价进行，而这个价格锚点就在我们的掌握之中。

一些谈判新手往往不会率先报价，因为他们认为“后发制人”比较重要，想先摸清对方的底细，这其实是忽视了谈判中的“信息不对称”。我们并不知道对方的成本是多少，反而会受到第一印象的影响而被误导。所以，让对方跟着我们的价格走才能牢牢抓住主动权。

合作洽谈，明面上是合作，暗地里也存在博弈。虽然双方从主观上都希望维持关系取得共赢，但总会有各种场外因素影响，合作方也有可能因为一时的误判做出对彼此不利的选择。那么，在这种情况下，我们就应该成为强势的一方——非表面强势，而是实质强势——这样才能在战况复杂的谈判中捍卫己方的利益。

03

商务谈判：判定对方底线，赢得主导权

一家美国旅店因为环境嘈杂，其董事会决定搬迁。一天，一个名叫威尔逊的人找到旅店经理洽谈收购之事，经理表示如果价格合适会考虑出手。很快，董事会委派史蒂夫办理此事。史蒂夫经过两周的准备，确定了两处搬迁地址：一处是 22 万美元的梅德福，另一处是 27.5 万美元的奥尔斯顿，于是史蒂夫以 22 万美元作为谈判底线，同时他调查了旅店所在地段房产的一般售价，大概为 12.5 万美元，经过和专家商议，他初步判断威尔逊的最高出价在 27.5 万到 47.5 万美元之间。

接下来双方开展正式谈判，威尔逊问史蒂夫能够接受的最低价格是多少，史蒂夫反问道："为什么不能告诉我你们愿意给出的最高价格？"于是威尔逊开出 12.5 万美元的一般售价，史蒂夫表示旅馆是否搬迁还在讨论中，因为其他安静地段的房产价格很高。最后，史蒂夫开出了 60 万美元的报价，威尔逊认为该价格无法接受，第一次谈判结束。

两天后，威尔逊打电话表示愿意将价格提高到 25 万美元，史蒂夫脱口而出："现在这个价格比较接近了。"随后又改口称自己能说服董事会将价格降到 47.5 万美元。很快，双方进行了第二次谈判，威尔逊逐步将价格提高到 30 万美元，而史蒂夫则降到了 35 万美元，虽然威尔逊的报价高于史蒂夫一方的最低预期，但是董事会希望将高出预期的部分用于购买商品和纳入“财务援助基金”。最后，史蒂夫告诉威尔逊，董事会希望对方再多出一点，而且一旦交易达成希望对方免费做价值三万或四万美元的装修。威尔逊表示公司并不准许自己承诺免费承包类交易，史蒂夫立即问道：“那可不可以给旅馆的‘财务援助基金’捐 4 万美元？”最终，威尔逊同意捐助 2.5 万美元，双方以 35 万美元达成了交易。

在史蒂夫和威尔逊的博弈中，双方都探明了对方的底线，史蒂夫的心理价位高于 25 万美元，而威尔逊没有公司授予的自主决定免费承包的权力。于是，双方都在对方的底线附近不断试探并最终找到了可接纳的区间。

一次性的商务谈判和基于长期业务的合作洽谈不同，一次性的商务谈判着眼的就是短期利益，不必考虑对未来的影响，因此心理博弈的烈度更高、容错率也更低。稍有不慎就会导致谈判破裂，彻底失去交易机会。因此，如何摸清对方的底线尤为重要。

摸清对方底线需要巧妙的试探，而且这个试探一定要主动、迅速，只有将对方的真实意图越快、越透地摸清楚，才能为己方争取利益最大化。下面，我们就介绍 4 种试探方法。

1

临界报价法

当对方提出报价或者其他条件后，我们应该立即过目，从相对复杂的信息中快速筛选出哪些选项是关键的、哪些选项是次要的、哪些选项是对方的筹码，这样才能方便我们判断在主要交易条件上存在多大的回旋余地，进而帮助我们做出既对自己有利，又能满足对方要求的判断。正如案例中威尔逊对史蒂夫的价格底线进行试探，在确定了“高于25万美元”这个锚点之后，根据己方实力和底线逐渐加码到“35万美元”，就是从临界点附近寻找最终的成交价格区间，至于史蒂夫提出的“免费装修”则是次要要求。

临界报价的关键是准确找出“临界点”，它可以通过刺探口风、市场调研、侧面了解、询问中间人等方式实现，切不可武断乱猜。因为这会让对方误判我们的出价底线，导致交易流产。

2

广泛撒网法

当不能确定对方的底线时，不妨采取“广撒网”的方式，通过全面铺开、漫不经心的谈话方式，让对方从中选取重点，这样也能摸清对方的底线。打个比方，我们和对方的交易涉及出售价格、交易时间、合同签订等多项内容，我们先从己方的角度一一罗列出来，而不具体深谈某项内容，在对方发言时抓住他们看重的要点，比如对方侧重谈了“交易时间”，这很可能说明对方时间紧急，价格可以商量，但时间不能等，我们就可以瞄准这个重点详谈。

广泛撒网的关键在于“戏要做足”，也就是要给对方严格走流程、不急不慢的感觉。切不可暴露己方的底线，让己方陷于被动。

3

模糊表达法

谈判对手也知道我们会试探其底线，因此在我们广泛撒网的时候，对方很可能不会中招，遇到这种情况就可以采用模糊表达的方式，用不明确的措辞来描述问题，表达出自己不想马上做出决断的意愿。如果这恰恰涉及对方的底线，对方难免会让我们做出进一步答复，对方要求得越是明确，就越能证明其底线所在，那么此时我们就要给出一个明确答复，避免将对方的耐心消耗殆尽导致谈判破裂。

模糊表达法的关键在于拿捏得当，既给出模棱两可的回答，又能表现出对该问题的重视程度，否则对方会认为我们缺乏谈判诚意。

4

顺水推舟法

如果对方就某个问题没有给出明确答复，大概率是有所保留或者不愿意泄露详细信息，这时候我们就要主动为对方补充观点，通过讲出自己的想法来测试对方的反应。如果对方很敷衍地表示赞同，那就说明这不是他们关心的要点；如果对方表示强烈的赞同或者否定，那就说明这是他们看重的条件，我们必须和他们达成共识。

顺水推舟法的关键是不能从字面意义判断，而是要从对方的情绪反应判断，“强烈的赞同”和“强烈的反对”都代表相同的意思。

谈判摸底是一个复杂的动态过程，我们不仅需要察言观色、听话听音，也要理性思考，尝试从多角度、多方面了解对方的想法，这样才能既不违背对方意志又不会让己方吃亏，确保在谈判中主动权偏向自己一方。

04

升职申请：

给老板创造危机感

1993 年 10 月 25 日，厦门市第一家麦当劳餐厅开业，一个名叫缪钦的小伙子想要应聘见习经理，但是餐厅告诉他已经招满，缪钦表示从效劳员干起也可以，由此开启了他的“麦当劳之梦”。然而仅仅过了半个月就有人辞职，两个月后有十多个人离职，缪钦则拿着每月不到 300 元的薪水继续坚持。可是，三个月后的首批升职员工中没有缪钦，又过了两个月还是没有他，至此缪钦彻底心灰意冷，他在一家酒店找到了一份高薪工作。在提交辞职报告时，他表示麦当劳不是一个公平的地方，他比别人做得多却得不到升迁的机会。经理希望缪钦能够换位思考，如果仍然觉得麦当劳不公平再辞职也不晚。

经过仔细观察，缪钦发现，升职的同事要么做事效率高，要么特别会哄孩子，要么从不和客人发生摩擦……缪钦终于意识到自己的问题所在。从此，缪钦时刻把对顾客的服务放在第一位。一次，两位顾客的孩子在儿童游乐区打了起来，他们的家长也开始互殴，缪钦过去劝阻却被重重打了一拳，然而他没有急着去医院，反而让员工给两个孩子送去饮料，平息了风波。

缪钦经常能够出色地化解各种危机，他的突出表现也引起了高层的重视，1995 年他被选派到美国总部培训了半个多月，回国后被派到厦门第二家麦当劳店当经理。从此，缪钦一路升职，2008 年他成为麦当劳中国副总裁。2014 年，缪钦自主创业开了一家奶茶店，很快获得来自刘强东的天使投资，2020 年 12 月，缪钦成为京东零售生活服务事业群负责人。

缪钦之所以能够在职场上一路高升，是因为他对于雇主和投资人来说是“不可替代的”，而一旦弃用他就意味着会给企业带来危机、错失投资良机，所以缪钦在用行动告诉雇主和投资人：我对你很重要。

升职加薪，是很多职场人士梦寐以求的，一些人并不知道该如何向老板申请，只会以拍马屁的方式向老板谄媚、表忠心，认为只有这样才能获得对方的信任，结果往往适得其反。原因很简单，你虽然是在主动向老板示好，却暴露了你的小心思，将定夺的主动权交给了对方，最终陷入了被拿捏、被挑剔的状态。

站在老板的角度看，他为什么要给你升职呢？因为只有让你站在更高的位置上才能发挥更大的作用，帮助老板解决问题，所以我们要顺着这个视角选择正确的升职申请方式：让老板感受到危机。

1

“我已经超额完成了任务”

工作中，我们不能以“完美”作为衡量成果的标准，但是可以用“超额”来作为交付的标准。尤其是老板亲自布置、亲自跟进的工作，即老板要求你做到 8 分，你就要做到 10 分。这样做一方面能够让我们挑战自我，提升能力上限；另一方面能够让老板意识到我们不可替代的价值。因此，在和老板提出升职申请时，我们可以这样表达："我在某项目中做得不够完美，也没有超额完成任务。"老板就会意识到你的职场价值，如果不给你升职的空间，以后恐怕就没有超额交付任务的可能了，这种危机感会让他认真考虑你的申请。

2

"我一直都在努力学习"

职场上存在两种思维：学生思维和打工思维。学生思维指的是热衷学习、充满好奇心、努力提升自我，这样的人将知识看成一种财富。打工思维指的是更注重工作的收入和稳定性，追求的是工作效率的提升。从企业长远发展来看，学生思维有利于提升企业的创新力和竞争力，会产生深远的影响，而打工思维则忠诚度相对不高，侧重于这种思维的人会因为更高的待遇而选择跳槽。

对老板来说，员工愿意在企业中学习知识和经验，不那么看重收入，这是值得培养的类型。因此，当我们和老板讨论升职问题时，要将重点放在展示自己的学生思维上，比如这样对老板说："来公司3年多了，我一直都在学习相关知识，像财务管理、客户管理这些，甚至连短视频直播也学了，因为我觉得公司未来会用到，我也希望有更好的机会去发挥……"对老板来说，员工的学习是在瞄准"公司的未来"，而未来充满着不确定性和危机性，那么一个擅长学习的员工自然能分担这种焦虑，其职位高低就是能力发挥多少的关键。

3

“我总是跟进全流程”

怎样的员工最让领导放心？答案是“靠谱”的员工，而他们的核心特质就是拥有“闭环思维”，即做事情能够有始有终，一个项目既能做好开头，也能完美收尾，他们能参与整个工作流程并能发挥指导、协调、验证等多重作用。换句话说，老板把工作交给你，就意味着他不用担心后续问题，不用时刻紧盯进度，你就在客观上成了老板的左右手。

老板愿意自断左右手吗？因此，在你向老板提出升职申请时，一定要提醒对方你具有“闭环思维”：“某项目我全程跟进，尽管某些方面做得不够尽善尽美，不过也让我提高了掌控力。”通过这种暗示，让老板明白只有给你更高的权限，你才会负起更大的责任，创造更多的价值，否则只能让老板事必躬亲，一旦分身乏术就会造成项目失败。

升职申请的核心就是一个员工在老板眼中“值不值”，而价值关联的是企业的利益，因此我们应该从正面的角度阐述“因为有我在所以增加了收益”，最好不要说“如果我不在，公司会怎样”，这种表达带有一定的软威胁味道，可能会让老板反感。

现代社会，职场竞争日益激烈，一个人纵使能力出众，往往也不会一帆风顺，因此我们要学会在职业生涯的重要节点主动出击，为自己争取更广阔的上升通道，而不要幻想让老板主动给自己升职，被动等待只会将机会拱手让人。

第7章

销售奥术：

主动权优化算法

01

大客销售：

以退为进，诱敌深入

理查德是一名二手车的销售员，他为人精明强干，无论什么品相的汽车都能卖出去。有一次，理查德准备出售一辆二手车，当有人询问时，理查德热情地介绍车况，然后遭到了对方的杀价，毕竟在很多人眼里二手车就是不值钱的，然而理查德不急不恼，表示价格可以商量，于是就和客户约定了见面的时间和地点。

交易当天，买家见到了理查德，在查看了车况之后表示小瑕疵不少，还想继续砍价。理查德笑容满面却不置可否，就在买家以为要捡到漏的时候，第二位买家也来到现场，只听理查德对第一位买家说："对不起，已经有人打算买这辆车了，能不能等几分钟，让他看完了再说，如果他不买我会让你看的。"第一位买家见此情况，意识到自己杀价太狠有可能使交易流产，就准备以电话中谈好的价格买下。可就在这时，第三位客人过来看车了，理查德依旧很礼貌地告知对方："现在有两位买家在前面排着，如果他们都不买再和你谈。"此时，第二位买家也有些着急，表示愿意一分钱不降买下该车。第一位买家已经花费了很长的时间，不愿错失机会，就询问理查德是否能以电话中谈好的价格交易。此时理查德依旧满脸堆笑：“抱歉，现在已经有人开出更高的价格了。”于是，第一位买家便以原价和理查德完成了交易。

理查德的聪明之处在于，他不急于拒绝客户的砍价要求，而是以退为进，逐步吸引客户过来看车，当对方想要进一步砍价时却搬出了其他买家参与竞争，让人们误认为这辆车被很多人看中，自然就激起了客户的购买欲，促使交易顺利完成。

同样，当销售员面对具有较高话语权的大客户时往往处于劣势状态，因为大客户的选择面广，会被多个卖家争取，所以销售员很多时候需要对客户让步，但这种让步并非是软弱和妥协，而是以退为进，诱敌深入，看似被动，实则主动，对此，我们需要注意以下 5 个方面。

1

减少每一次的让步幅度

减少幅度是指对客户的每一次让步都逐次递减，这等于向对方传递了一个信号：你为了留住对方做出了很多牺牲，但这种牺牲是有限度的。为了便于理解我们不妨设想一个场景：假如你是一个销售员，一个大客户要购买一套高级设备，售价是 200 万元，对方提出打折要求后，你把价格降到了 180 万元；大客户第二次提出要求，你把价格降到了 150 万元。在这种情况下，大客户自然会觉得这个价格水分太大，他会继续提出折扣要求而忽视产品的成本底价，这样一来，作为卖方的你就变得被动了。相反，如果每一次的降价幅度都小于上一次，会让大客户意识到自己正在接近对方的底价，再不做出决断就可能失去交易机会了，这样买方就逐渐变得被动，会尽快完成交易。

2

增加每一次让步的时间间隔

增加时间间隔是指对客户的每一次让步要越来越久，也就是降低让步的频率。当你为了留住大客户做出第一次让步之后，距离第二次让步的时间要稍长一些，而第三次让步的时间要更长一些……这样做的目的是让大客户明白，你的让步已经处在“割肉”的边缘，很难再无条件地让步下去。前面的让步是为了促成交易主动做出的牺牲，这样才不会让对方得寸进尺。反之，如果你让步的间隔时间过短，会让对方产生更高的期待，会把希望寄托在下一次让步上，这就会导致你的让步变成了无止无休的砍价。

3

让步的次数最好不要超过 3 次

诱敌深入是存在一个“打击范围”的，即在自己可接受的范围内，一旦出圈就意味着策略失误。中国人相信“事不过三”的原则，这同样适用于营销领域，因为“3 次”带来的刺激效果远超过“1 次”，也就是说 1 次减免 300 万和分 3 次共减免 300 万，显然是后者对客户的吸引指数更高。案例中，理查德只给了第一位买家3次选择的机会，就是告知对方自己的底线并迫使对方做出最终的抉择。

4

不能满足对方时可以采取“替代式让步”

“替代式让步”就是当大客户希望你在价格上更优惠时，你表示没有降价空间，但可以通过其他方式进行相应的补偿。比如在大客户购买一套高端生产线之后，你可以通过赠送3年上门更换核心部件的服务留住对方，这样一来，即便对方没有达到预期目的也能从中获得附加服务，满足了作为大客户想要被尊重、被照顾的自尊心，同样可以促进交易的完成。

5

坚守最终的底线

与大客户合作是很多销售人员的理想目标，为了挽留大客户不顾合作的底线，往往会造成两个严重后果：一是大客户下次找你合作时，会以熟客的身份进一步要求你降低底线，导致你无法止损且持续增加交易难度；二是如果客户推荐其他合作方与你联系，而他们会踩着你的底线进行交易谈判，让你难以招架。综合这两点因素，当大客户不依不饶地提出无法接受的附加条件时，你就要采取像理查德那样的终极撒手锏，通过增加买家（可虚可实）的方式明确你的让步极限，避免在日后的交易中陷于尴尬局面。

对大客户来说，压低价格、增加附加条件是他们的特权，也是很多销售人员努力争取的突破口，但从长远来看，以牺牲自我利益的方式换取的交易本质上属于“被动交易”，这既是对企业长远利益的损害，也是对销售员业务口碑的透支，因此我们既不能缺乏变通能力，也不能失去底线原则，而是应该恪守“今天退一步是为了明天更进一步”的法则，平衡利害关系，夺回交易中的主动权，维护良性的交易生态。

02

直播带货：洞悉人心，制造需求

2020 年 4 月，罗永浩宣布进军直播行业做主播，第一场直播持续了 3 个小时，累计观看人数超过 4800 万，支付交易总额超过 1.1 亿，至今罗永浩都在直播带货领域有着不俗的成绩。那么，他的成功之道是什么？

众所周知，罗永浩是一个“技术宅”，他推广的产品中有不少电子产品，他通过直播展示这些产品的独特功能和设计，然后向网友分享产品开发背后的故事。这种讲故事的方式不仅制造了差异化优势，更通过故事形象地展示出科技进步的神奇之处，客观上放大了产品价值。有一次，罗永浩直播卖一款 AI 录音笔，在现场进行了试验。他用吹风机和塑料纸制造噪声，其他人在一边用该款录音笔录制了一段声音，然后在现场进行了播放。该款录音笔将吹风机和塑料纸产生的噪声消除得干干净净，瞬间就把 AI 录音笔的强大功能展示出来，让原本并不需要它的人也被科技的魅力所吸引并最终下单。

罗永浩深知，消费者买单的动机并不仅限于对产品的需求、价格、知名度等原因，还包括能否让消费者感受到产品自身的价值。从这个角度看，罗永浩既懂得挖掘用户需求，还会通过价值放大创造需求，因此才让录音笔、空气净化器等非刚需产品也出现被大量抢购的情况。

营销的本质是发现需求、制造需求然后满足需求的一个过程。只能满足用户需求的是销售而非营销。以直播带货来说，这种与用户实时交互的方式更能发挥营销的属性，而主播为了达成和厂家的预期目标，就不能仅以满足顾客需求为出发点，更应该展示、放大产品的核心价值，通过产品的亮点、背后的故事让客户产生需求。

制造需求并非天马行空的吹嘘和诱导，否则就成了“强卖”，而是一种能够为用户接受和认可的、高级的引导方式。正如录音笔对很多用户来说并非刚需产品，因为手机也有录音功能，但是罗永浩通过展示其无法比拟的特色功能，让用户意识到这样的科技产品值得肯定，能够取代手机的普通录音功能，这就是一种高级引导。想要完成这种高级引导，需要从以下3个方面切入。

1

利用“奥新顿法则”

美国奥新顿公司曾经总结出一条“奥新顿法则”，即照顾好你的顾客，照顾好你的职工，那么市场就对你倍加照顾。具体到客户营销层面，就是“抓住客户的心”。

当今社会，用户变得越来越精明了，特别是在网络时代，很多产品的价格已经趋于透明，带货主播很难通过信息差来获得不透明的价格空间，而很多用户的冲动消费也并非出于刚需，而是对产品或者商家产生了某种情感共鸣才果断下单。换句话说，用户买的不是“产品”而是“故事”

或者“情绪”。罗永浩在直播中频繁讲故事、说相声，就是为了让用户的情绪产生波动，认知向品牌靠近，在潜意识中提高对该品牌的认可度和忠诚度，于是就会购买自己也许并不需要的产品，用消费行为给商家和品牌“点赞”。

为了更好地“抓住客户的心”，主播在带货时要不断和用户实时互动，了解他们的喜好、需求和疑虑，要积极回应用户的提问和评论，和他们建立良好的情感交互，避免自说自话和自卖自夸，才能借助直播的现场感和真实感，增加直播间的在线人数。当一个用户下单后，会带动其他用户跟风购买，正面发挥“羊群效应”。

2

利用好奇心

“羊群效应”的反面是“反从众心理”，即猎奇心理，指的是人们对新奇事物和现象产生注意和爱好的心理倾向。在消费者中，有一些人的消费观念不是别人买什么我就买什么，而是专门选择小众产品，对产品和服务的质量本身不是很在意，反而在意的是外观、概念等内容。通常年轻用户的猎奇心理是比较强烈的，而他们恰恰也是直播带货的主要受众，那么主播就要利用猎奇心理来制造需求。

第一，展开卖点营销。卖点因为具有强烈的排他性，所以是吸引用户购买的关键。以汽车营销为例，奔驰将“最尊贵”当成卖点，让购买者将自己定位为尊贵者；宝马将“驾驶体验”视为卖点，让购买者产生体验驾驶的冲动；沃尔沃将“最安全”当成卖点，从生命安全的角度打动消费者……总之，当我们用一个独特的视角看待产品时就找到了产品的卖点。

第二，展示方式独特。为了让产品的独特之处清晰地呈现给用户，就要用新奇的推销方式来刺激用户的探知欲和购买欲。网上曾经有卖家通过抢走路人头盔再砸碎的方式推销自家头盔的营销手段，这种乍看“粗暴无礼”细品“套路极深”的产品展示法，虽然不值得借鉴效仿，但确实很能抓住消费者的眼球，能够在直播间掀起讨论的浪潮。

3

巧用占有欲

占有欲的本质心理是“我得到了别人没有的东西”，这才是占有的快感。如果一个产品“烂大街”的话，即便能满足用户需求也不会让其冲动消费。相反，当某些产品限量销售或者限时有折扣时，此时用户思考的不再是自己需不需要的问题，而是能不能买到的问题，能够激发他们快速下单的决心。因此在直播中，主播可以通过“前 1000 名下单的有优惠”和“店庆日下单打七折”等方式，给用户制造一种紧迫感，提醒他们再不出手就售罄了，这样他们下单后会因为自己买到了限定产品或享受到了价格优惠而认为“物超所值”。

制造需求的核心要点是：想让马饮“水”，要先让马吃“盐”。“水”代表主播销售的产品，而“盐”则可以是“故事营销”，也可以是“好奇心”和“占有欲”，只有通过类似的铺垫，才能让人为制造出的需求具备“真实感”。这样便能在虚拟的直播空间中操纵用户的心理，赢得销售主动权。

03

线下销售：

潜在需求，一锤定音

乔·吉拉德是美国著名的推销员，是吉尼斯世界纪录认可的“世界上最成功的推销员”，他从 1963 年到 1978 年一共推销出 13001 辆雪佛兰汽车。在吉拉德的职业生涯中，不管多难缠的客户都能被他说服，并完成交易，而他的制胜法宝之一就是察觉客户的潜在需求。

有一次，一位女士来到吉拉德的汽车展销室看车，吉拉德立即和她攀谈起来，得知对方想要购买一辆和表姐同款的福特汽车。除此之外，吉拉德还得知这位女士今天 55 岁生日，于是他立即向同事交代了一些事情，同事离开后吉拉德对女士说：“夫人，您喜欢白色的车，现在又有时间，我可以给您介绍我们的一款双门式轿车，也是白色的。”由于吉拉德推荐的并非福特汽车，因此这位女士没有马上同意，就在这时，吉拉德的同事捧着一束玫瑰花回来交给他，随后吉拉德将花交给了女士并祝她生日快乐，此举让女士非常感动，因为她很久没有收到花了。

吉拉德的善意之举让这位女士终于说了实话：她其实并非执意要买和

表姐一样的车，而是此前福特车行的一位销售员觉得她买不起新车就没有认真接待，现在既然吉拉德推荐更好的车，她也没有理由拒绝。最终，吉拉德顺利完成了交易。

吉拉德的高明之处在于能够洞悉顾客在购买汽车之外的潜在需求，即通过购车来证明自己的经济实力并得到别人的关注，并非只把汽车当成代步的工具。因此，吉拉德才用送花的方式来打动对方。相反，吉拉德如果只顾着向女士介绍车的性能、款式，那就很难完成交易。

线下销售，可以面对面和客户沟通，能够更准确地捕捉到客户释放出的各种信息，因此具备提高成交率的机会。然而，一些销售人员错误地将重点放在如何推荐产品上，忽视了对客户潜在需求的发掘。其实，消费者购买产品或者服务时大多都存在两类需求，即现实需求和潜在需求。

现实需求是什么？客户想要购买一部手机，是要满足打电话、上网、拍照等需求，那么潜在需求是什么？保持和社会的联络，保持和各种人脉关系的互动并展示存在感，用专业术语描述是“重新获得控制感”。

“重新获得控制感”是潜藏在人们内心深处的一种欲念。比如很多人会因为心情不好而通过“买、买、买”发泄情绪，获得控制感能够弥补在现实生活中某些意愿不能达成的缺憾。美国密歇根大学通过研究发现，人们会通过购物进行自我调节和释放压力，从而达到治愈心灵的目的。在吉拉德的案例中，那位一心想要购买福特汽车的女士就是想通过消费“重新获得控制感”，而吉拉德正是抓住了这一点，才引导对方按照自己的销售需求购买了别的车型。

乔布斯说过：“迎合用户的心理，才能赢得顾客。”作为销售人员不仅要抓住现实需求，更应该挖掘客户的潜在需求，这样才会被客户认为你是真正了解他们的人，进而促成交易。为此可以使用以下方法提高成功率。

1

满足客户的自尊感

很多客户购买产品并非出于刚需，而是出于攀比的心理，即“别人能买得起的话我也能买得起”，这是源于主观情绪的一种潜在需求。销售人员要有意识地让客户处于“情绪波动”的状态，最简单的办法就是在沟通中刻意提高客户的身价，赞赏客户的职业、地位、品位等，充分满足他们的自尊感，进而让客户产生一种“认同错觉”，哪怕是该产品非刚需且价格稍高，他们也会认为自己有能力享用，最终做出购买的决定。

当然，不是所有人都会为了自尊而买单。在销售过程中，销售人员如果善于观察，懂得客户心理，就会更容易成交。

2

利用客户的兴趣点

知名推销训练大师汤姆·霍普金斯推出过一个叫作“NEADS”的法则，其中“E”代表享受和喜欢，找到客户的兴趣点就是锁定“E”，它往往表现为客户的好奇心、收藏欲、注意力等，因此销售人员在推荐相关产品或服务时，不仅要把重点放在功能上，更要放在客户的兴趣上。比如，我们通过聊天得知客户有强烈的社交欲望，那么在推荐产品时可以告知对方：“我们有微信社群，会定期组织线下活动。”这样就抓住了客户“热爱社交”的兴趣点。

除了沟通，我们还可以通过观察来发现客户的兴趣点，比如去拜访客户时，看到对方的办公桌上摆着营养保健品，意味着客户比较重视养生之道，这时我们可以结合产品调性切入话题，强化对方的购买欲望。

3

通过讨价还价发掘需求

当客户和销售人员讨价还价时，往往会给出各种理由，比如“预算超支了”“产品有我不需要的功能”等，这时就需要从中筛选有价值的信息，进而发现客户的隐藏诉求。比如，客户想购买一台打印机，但是因为看中的型号价钱较高就要求优惠一点：“我知道你们的机器价格不贵，但是我还要购买一台扫描仪，你这里也没有，你给我打个七折也算成全我了。”对此我们可以这样回答：“我们正好有一款带扫描功能的复合式打印机，整机价格肯定低于您同时购买打印机和扫描仪，您可以考虑购买这一款。”通过砍价，我们发现客户的潜在需求是“扫描仪”，因此推荐复合式打印机就成了最佳销售策略，也会让客户认为我们是在替他着想，使其对我们的信任感增加，从而提高成交率。

“沟通首先是倾听的艺术。”客户的潜在需求往往需要通过积极主动的交流来发掘，销售人员要多了解对方的职业、生活和情绪，以便掌握更多信息，从客户的处境思考，代入客户的产品应用场景，从而准确发掘客户的潜在需求，在销售中紧握主动权并一锤定音。

04

快消业务：蹲守鱼塘，以逸待劳

很久以前，南京有一家名叫鹤鸣的鞋店，虽然是一个传承多年的老品牌却一直生意不好，这让老板十分发愁。一次，老板忽然发现很多商家登广告推销商品，这在当时是一种新鲜大胆的尝试，于是他也打算做广告宣传一下。可是，怎么写广告词才能吸引顾客呢？这时账房先生献计献策："商业竞争和打仗一样，只要你愿意花钱在市里影响力最大的报纸上刊登 3 天的广告，肯定能吸引到顾客上门。"随后账房先生说出了他的想法。

很快，老板在报纸上登了广告，然而第一天他只登了一个大大的问号，下面还附上了一行小字："欲知详情，请见明日本报栏。"报纸发行后，很多人看了之后都心生好奇，等到第二天大家去看报纸时，发现广告上只登了一行字："等到第三天揭开谜底。"这一次又增强了大家的好奇心，结果到了第三天，广告上写着这样一行字："三人行必有我师，三人行必有我鞋，鹤鸣皮鞋。"鹤鸣鞋店顿时家喻户晓，人们的好奇心被大大激发，不少人纷纷登门，想要弄清店家葫芦里卖的什么药，结果大家都对鹤鸣这个品牌产生了极高的兴趣。凭借3条别出心裁的广告，鹤鸣鞋店在京沪鞋帽业打出了名声。

虽然鞋业不属于快消品行业，但该案例带来的启示在行业之间是相通的。想要勾起消费者的购买欲望，不能只通过直接推销的方式，还要激发消费者对事物的探秘天性，这样才能让消费者的关注度瞬间增强并在短期内固化。这种“钓鱼”式的营销非常适合快消品类。因为快消品覆盖人群广，不能像针对大客户那样进行耐心的、精细的定制营销，只有通过简单易用、抓共性的方法才能让效率最大化，也就是将客户吸引过来，以看似被动的方式赢得主动。

1

利用“格林效应”

宜家的产品之所以能够闻名世界，是因为他们善于创造良好的展示环境，吸引客户前来参观和体验。即便有些人原本没有购买意愿，也会因为置身于使用场景而被激活购买欲。当然这只是宜家的营销手段之一，此外他们还会在布置精美的展厅里摆放很多产品，比如客户原本只想购买一张双人床，但是为了找到双人床会经过其他展示区域，进而被一套豪华的沙发所吸引，被这些本来没有在购买清单中的商品所吸引，让消费心理出现了转移，这就是“格林效应”。

“格林效应”的发力点在于环境布置，而环境布置的底层逻辑是：很多客户并没有明确的消费计划，往往是以迷茫的心态进入消费场所，即便有着明确目标也会因为“选择困难症”迟迟做不出决定。高明的销售人员要充分利用环境将客户吸引过来，然后通过“环境语言”引导消费，从而和竞品拉开差距，帮助客户快速做出决定，发挥营销主动权。

在快消品中，食品饮料、日化用品等门类都能依托环境展示出来，比如精美的青花瓷餐具搭配中式糕点等，能让消费者产生强烈的“情景感”，即便搭配非快消品也能发挥衬托作用。

2

设置悬念，吸引眼球

面对庞大的消费群体，与其瞄准几个目标发力，不如通过“表演秀”的方式吸引全部注意力，而设置悬念就是最好的方法。某商场有一位出售去污剂的销售员，他的推销方式是现场演示去污剂的效果，但因为客流量不够大，很少有人注意到他演示的全过程，后来在一位老销售员的建议下，他改变了策略。每当有顾客接近他的销售区域时，他就会故意将工作服弄脏，引起顾客的注意，然后用去污剂清除污渍，整个过程不断吸引顾客的围观，让他们被去污剂的强大功能所打动，于是顾客纷纷购买。

设置悬念有多种途径，但是和运用语言设置相比，运用行为设置更值得推荐，因为它是“可视化的”，能够跨越语言、文化、年龄等客观因素，在有限的时间和空间内引起广泛人群的关注。不过要注意，不能为了悬念而制造噱头欺骗消费者。

3

反常规推销

作为销售人员，当然希望商品卖得越多越好，消费者也深知这点，因此不会轻易上销售员的“当”，这是一种源于自我保护的逆反心理。可是如果销售人员打破常规，主动控制销量，消费者则会被激活逆反心理的另一面，即越不让买就越想买。

国外有一个鲜花网站，其购买原则是：“在本店订花的男人只能给同一个女人买花，否则概不接单。”很多男性顾客的逆反心理被激活了：“你们认为我一辈子做不到只爱一个女人吗？那我就偏偏要过来买！”结果这家花店赚得盆满钵满。

反常规推销的关键在于换位思考，只有代入买家的视角之后，我们才会意识到哪些销售话术和行为是令人反感的，哪些是引起关注和购买欲的。

需要注意的是，由于快消品往往品牌众多，让人眼花缭乱，因此销售人员要在最短的时间内展示产品的亮点。根据统计，在销售员和客户最初沟通的 5 分钟之内，客户的注意力是比较集中的，一般应以 5 分钟为时限，避免客户被其他品牌吸引导致交易失败。

快消品的营销核心在于构建“吸引力”，这种做法是为了打破消费者的心理防御而存在的，因此销售人员一方面要以逸待劳、守在鱼塘，另一方面要适时主动出击，只有做到“动静结合”才能真正抓住营销主动权，打破消费者的心理防御，达成交易的目的。

第8章

合作法门：不主动即出局

01

创业必做：

打造个人领导力

954年，后周世宗柴荣即位，后周军队在他的带领下一度所向披靡，然而在攻打幽州时，柴荣突然病倒，回到都城开封后不久去世，皇位由其7岁儿子柴宗训继承。960年正月初一，北方边境地区传来军报，契丹和北汉正准备向后周发起进攻。在这危急时刻，宰相范质和王薄推荐当时还是殿前都检点的赵匡胤率军抵抗。很快，赵匡胤带着部队出发，然而就在此时开封城开始流传一句话："将以出军之日，策点检为天子。"这个带有谋反意味的传言让举国上下人心惶惶。

赵匡胤得知情况后，让部众在距离开封不远的陈桥驿安营扎寨，随后联系殿前都指挥使石守信。此人是赵匡胤的得力助手，在赵匡胤的授意下，马上将赵匡胤的家属保护起来。同时，赵匡胤在天明之时披上了由自己的手下送上来的龙袍，至此"黄袍加身"。

在行动前，赵匡胤头脑清晰地给属下下达了命令：一是不允许伤害后周皇帝和太后等人；二是不允许手下士兵伤害开封百姓，不得进行烧杀抢掠。在手下将领做出保证之后，此时的赵匡胤才敢以皇帝的身份率领军队进入开封，进城后很快将文官的领袖范质、王薄等人摆平。至此，这场兵变终于落下帷幕，一名官员顺势拿出柴宗训的禅位诏书，赵匡胤兵不血刃就成了皇帝，随后下令国号为宋。

“陈桥兵变”是一个充满了巧合、阴谋和未解之谜的历史事件，但有一点不可否认，那就是赵匡胤在各种变故下的机敏反应以及对手下的绝对领导力，让事情的最终发展没有脱离他的掌控，这种手腕在今天看来就是创业的领导力，代表了对经营和管理的主动权。

创业领导力指的是在创业过程中，领导者凭借有效的管理激励团队成员进而实现组织愿景的能力，因此领导者是否具备领导力对创业的成败至关重要。不过，有些创业者对领导力的理解比较肤浅，仅把“员工是否听话”当成鉴定自身领导力的唯一标准。事实上，有效的领导力包含多方面内容，如积极的情绪智力、人际交往能力、追求卓越的动力、战略思维、决策能力等。下面，我们就介绍两种常用的领导力。

1

洞察力

创业者的洞察力强弱决定了能否观察行业的发展脉络、能否找到竞争的突破点，以及是否能打造特立独行的组织风格等。缺乏洞察力的领导者，会让团队变成了“半盲”，甚至寸步难行。

洞察力主要分为两个层面：从宏观上能看清时代态势和行业趋势，从微观上能看透人心。弗洛伊德认为，洞察力就是将无意识变为有意识。作为一个领导者，只有把企业管理和洞察力相结合，这样才能及时发现问题，主动做出决策，促进团队和谐并带动团队发展。

培养洞察力要从 3 个方面入手：

第一，观察与倾听。身为领导，要观察身边的员工每天都有什么变化，不能只流于表面，要善于抓住细节和特点。比如看到员工穿着新衣服却沾着油渍，那么员工很可能夜不归宿，或出现了情感纠纷，或发生了意外状况，这时领导就要主动关心员工，一旦发现对方状态不佳就要调派人手去协助他或者换人，否则将会影响到公司的运转。

第二，冷静客观。时刻保持理性思维才能在全面了解事物的基础上进行缜密的分析。通过对不同事物比较分析，从中找出事物之间的差别和关系，从而具备独特的切入视角。比如将团队拆分成几个项目小组，无论是让员工自由组合还是领导分配都存在局限性，不如询问和员工对接过的客户，让他们来描述哪些人组队时响应速度最快、执行效果最好，这就是从“企业是服务客户”的视角切入解决现实问题。

第三，同理心。领导者面对员工要抱着“是人难免犯错”的认知前提，不要急于批评员工，而是要尝试理解对方犯错的逻辑，从中寻找客观因素，这种共情思考有助于发现隐藏的问题。比如不在员工情绪低落时开批评会，也不在员工状态不佳时安排紧急任务，这种基于洞察员工情绪变化的管理手段更能够留住员工，让员工一心一意为公司工作。

2

决断力

决断力指的是在遇到事情时能够快速判断并做出反应的能力。从心理学的角度看，人类的生存本能中存在一个“战斗或逃跑”的机制，这就是最原始的决断力，它的核心要求包含两点：快速和准确。当然，这一机制随着人类的进化从本能发展成为一种思维力，决定它的不是性格，而是责任意识、担当精神和综合素质。

提高决断力可以从 3 个方面切入。

第一，提升责任感。领导者如果总想置身事外，“甩锅”给手下，永远也无法具备决断力。因为缺乏危机感，自身的潜能就不会被激发。所以领导者必须强化自己是“第一负责人”的意识，有了这样的认识前提，才能在遇到危机时立即绷紧神经，做出正确、高效的决断。

第二，广开言路。一个人的智慧终究有限，领导者可以在有限的时间和范围内倾听他人意见，选择有智慧、有经验的下属，从建议方案中选出最佳选项。当然遇到特别紧急的事情不能广开言路，但是可以在日常工作中常态化开展，目的是帮助领导者扩充智慧、扩大视野，在危机来临时就有了必要准备。

第三，独立思考。领导工作是一种创造性活动，领导者必须有主见，不要盲目听从意见，要在实践中积累属于自己的经验，避免“小马过河”式的集思广益，特别是在生死攸关的时刻，要敢于相信自己的决策，排除琐碎的信息，一旦做出决策就不要中途更改，因为犹豫不决会导致事情半途而废。

领导力能够引领团队迈向成功，在激烈的市场竞争中，一个团队只有依靠领导力的牵引才能不断适应环境，变被动为主动，变消极为积极。员工也会因为创业者的领导力而统一认识，这会让整个团队培养出审时度势、捕捉时机的能力，增强企业整体的生存力和战斗力。

02

项目合作：

学会制衡，避免被动

松下电器从一个街边小作坊逐步发展成为全球顶级的跨国企业集团，屹立百年不倒，这和松下幸之助的用人哲学是分不开的，而其中最重要的一条经营法则就是“玻璃式经营法”。

“玻璃式经营法”是在松下电器发展初期诞生的，即企业经营公开透明化。松下幸之助之所以这样做，是因为白手起家时没有老板和员工的界限，几乎每个人都是合伙人，因此松下幸之助要随时把经营状况通报给其他人。这样做的好处有两点：一是确保大家信息对称、决策公正；二是让每个人都能自主思考和决断，避免权力集中。

“玻璃式经营法”是一种对企业内部管理的改革，随着松下电器逐渐做大，企业内部自然会分化出不同的层级，即基层员工、中层管理者、高层决策者。为了避免某个层级中产生利益集团，就需要通过公开透明的方式打破信息壁垒和权力屏障。事实上，很多企业在做大之后，由于创始人身居高位，对企业的具体经营状况是不够了解的，同时权力也被各级管理者分化，很容易出现决策错误甚至权力被架空的情况。而松下幸之助的“玻璃式经营法”让他对企业经营状况十分了解，也知道手下哪些人贡献多、哪些人贡献少，不仅能够帮助他提拔有能力之人，避免了被中层隔绝信息导致闭目塞听的情况，还让松下电器团结了更多的人，灵活运用人才，因此在权力分配、经营效率和技术创新方面很长时间内都是行业和市场的引领者。

“玻璃式经营法”是松下幸之助用人哲学的体现，只是它体现的不仅是对人的尊重和信任，也是一种预防和规避。因为只有让每个人都充分发挥作用、共享企业信息，才能有效消除企业内部的“山头主义”和局部独裁的现象，让大家都能把主要精力用在提高生产效率、发展前沿科技、加强内部协作等方面，对经营者来说自然就能避免被动掌握信息，拥有了主动，而这是做出正确决策的基础。

无论是合伙创业还是合伙做项目，都会面临同一个问题，即权力分配。虽然从合作的角度看，不存在权力的统属关系，但必然会存在话语权强弱的关系。处于弱势的一方，即便明面上是“联合创始人”“合作伙伴”，实际上依然会被剥夺或削弱决策权，导致己方利益受损。为了避免此类情况发生，必须主动争取权力，其核心奥义就是“制衡”。

“制衡”相比于“掌控”，对项目合作而言是一种现实性选择，毕竟合作方不能以绝对的话语权去压制其他人，这样会导致项目流产。而作为弱势一方，最理想的争权手段就是平衡各方权力，避免成为被“吃掉”的一方。

1

主动挑选合作方

无论是项目的发起者还是参与者，都要主动筛选合作方，这是从根本上避免己方吃亏的防御性措施。一般来说，大家比较认同的合伙标准是“人品第一、价值观第二、工作态度第三、能力第四”。切记四个条件缺一不可。最理想的合伙人必须是在同一个单位共事过一年以上的人，因为人在工作中和生活中表现出的行为可能截然不同，有人适合当同事，有人适合当朋友，只有广泛接触多个层面才能深度检验一个人的综合条件。选对了合伙人，就具备了最基础的制衡条件。

2

主动参与规则制定

项目合作，首先要签订一个标准化的合作协议，切勿只停留在口头层面，必须落实到字面上。很多民间的随机合作，都是因为利益后期变卦，无法兑现当初的承诺，导致责权不清甚至对簿公堂。所以，我们需要主动参与甚至主动提出制定规则，将可能涉及的利益分配、纠纷处理、投票决议、债权债务等情况说清楚。如果是长期项目合作，还要做好有关工商登记、企业法人、公章执照、商标专利及代持协议等法律层面的权利划分。当我们把规则都落实在明面上时，各方权利就会相对均衡，弱势的一方也不会偏听强势一方，从游戏规则层面照顾到每个人的利益，制衡效果就开始显现了。

3

主动参与业务

仅制定规则是不够的，这只是一个基本保障，有些合作方受制于客观因素，导致己方不能掌握业务上的主动权，结果就逐渐陷于被动。因此，我们无论是否存在客观障碍，都要鼓励所有合作方参与业务，尤其是对业务关键环节的把控，避免被强势一方掌控命脉，如食品行业的配料秘方、服务行业的客户资源、科技行业的技术数据等，只有共同分享、彼此制衡，才能避免一方独大，不会让某一方成为被依赖对象，避免弱势一方遭到抛弃。

4

主动争取人脉

处于弱势的一方，即小股东，缺乏法律层面的话语权，没有业务主导力，如果想要掌握主动权，不被人无视，可以通过发展人脉来弥补，比如团结主要人员，即便不能发展成为己方势力，也可以拉近关系，获得信息收集渠道。这样即便有某一方想要把你踢出局，也要考虑舆论影响，这就是通过“合纵连横”的方式在人际关系上制衡全局。

很多人怀揣理想走上商业之路，为了减少风险、增加利润而选择与人合作，却因为不懂权谋、不理解人情世故而遭人算计，轻者利益受损，重者锒铛入狱，根本原因是没有主动为自己争得一席之位，成为合作中的弃子。我们虽然不能以险恶之心构陷他人，但是也不能毫无防人之心，只有看清时局，主动参与，才能保护己方利益，推动项目朝着对彼此有利的方向发展。

03

部门协作：

用共赢争取主动权

在《财富》杂志每年评选的最适合工作的100家公司中，谷歌曾经多次位列第一。实际上，谷歌作为一个世界级的科技巨头，最大的成功并不在于其产品和服务，而是在于企业、团队及绩效管理等方面的先进经验，其中最值得一提的就是“OKR”工作法。

“OKR”由英特尔创始人安迪·葛洛夫发明，引入谷歌后发扬光大，继而在Facebook（现更名为Meta）、Linked in（一家主营职业社交网站的公司）等企业得到广泛使用。

OKR的主要目标是明确公司和团队“目标”，以及明确每个目标达成的可衡量的“关键结果”，使其能够在整个组织中共享，帮助组织内的工作人员协调工作和集中精力。在谷歌，OKR不决定绩效，可以理解为绩效的有效输入，一切评价都以OKR为出发点。因此谷歌的绩效管理流程是：全公司设定OKR、建立绩效管理体系、绩效评估及校准。在执行OKR的过程中，所有员工OKR的内容都是公开的，这就相当于公开承诺自己的目标和结果，在比较的过程中挖掘所有人的工作潜能，方便上级和同事的监督，最重要的是有助于打破部门壁垒，促进共同协作，否则将会出现重复劳动、互不配合的情况。

谷歌的 OKR 不与绩效挂钩，使员工不会为了赢得绩效将目标设置得过低，反而鼓励他们自主设置具有挑战性的目标，让每个人都能充分发挥自我提升的主动权，整合部门之间自主合作的意识，从而推动全公司高速向前发展。

在目前的企业管理中，企业内部协调、配合及支援等合作问题的不畅通已是普遍现象，涉及跨部门协作时尤其严重。无论是站在管理者的角度还是执行者的角度看，打破合作障碍对提高工作效率和自身业绩都是必需的。那么，如果你是其中的某个参与部门，为了顺利完成工作任务且维护自身利益，可以采取哪些有效方法呢？

1

强调目标的一致性

团队合作的关键在于目标一致，而目标一致就意味着利益捆绑。在跨部门协作项目中，作为管理者要设定跨部门协作的目标，同时确保这个目标是大家都想要且都能接受的。比如库存降低 20%、人效提升 30%、成本降低 40% 等，有了统一的目标，各部门才能协同发力。如果你是执行者，那就可以在协作中不断强调共同目标，这样就能从共赢的角度提醒其他部门配合己方，从而提高项目的推进速度。

“强调目标”并非只是嘴上说说，而是要充分体现在具体的执行环节中。比如你所在的是市场部门，需要技术部门提供支持，那就要在请求支援时表示："需要我们部门配合的我们都会全力配合，不会让你们承担全部责任。"这就是在暗示对方你方部门的"参与性"和"责任分担"，你就能在合适的时机进行介入，掌握主动权，否则对方就要"背锅"，这是哪个部门都不愿意接受的。反之，如果有部门向你提出配合或者支援的请求，你也要告知对方"责任均摊"，这样才能强化"利益捆绑"的概念，不至于让你方部门被排除在可参与执行的环节之外，确保自身权力的合法使用。

2

明确职责定位

请求支援却惨遭拒绝，是跨部门协作中的常见情况，解决这一问题的根本方法是明确职责定位，而非模糊划分。作为管理者，要针对本次项目的属性特点让各部门清晰己方职责，比如信息部门要无条件提供系统支持，财务部门要及时解决经费、报销等问题，尤其是要注意清除个别部门自己制定的"土政策"，这样才能打破部门合作壁垒和信任危机。

当你身为执行者时，一旦发现职责划分不明且可能对己方不利，需要及时询问上级有关职责划分的细则，条件允许的话要让其他部门也在场旁听，这样才能通过上级划清各部门可以行使的权力和各自发展的空间，避免发生"踢皮球"的状况。即使有部门存在故意不配合的现象，也要尽量通过上级出面的方式协调解决，避免被对方扣上"越级""越界"等帽子，只有照章办事，你才能不断强调"共赢"是解决纠纷的核心出发点，占据舆论优势。

3

建立内部满意度调查制度

很多企业重视客户关系，却在内部管理上存在不足。实际上，建立内部满意度调查制度，有助于各个部门在项目协作中及时提出反馈意见、确定责任明细，有利于促进团队和谐。通常，需要调查的部门包括但不限于行政总务、财务会计、人力资源、供应管理、技术研发等。作为管理者，对部门进行调查时可能会遭遇抵触，因此在推行该制度的初始阶段最好配有相应的激励机制，比如比较全面地回答调查问卷可以计算到绩效之中。

如果你是执行者，当你发现在项目推进中己方部门遭到排挤、权力旁落时，就有必要向上级申请填写内部满意度调查的临时问卷，事实上这也是一些公司的日常举措。当你向上级提出申请时，上级自然会意识到跨部门协作出现了问题，至于问卷结果并不重要，因为只要批准调查，强势部门就会有所收敛，此时你只需要强调“问卷是帮助大家一起反映问题”而设置的，以共赢为理由堵住是非之口。

在实际工作中，各部门之间由于岗位和定位的不同，不可避免地会在协作中产生矛盾，这种矛盾往往源于“部门亚文化”，也就是在“企业文化”之下产生的部门内的特定认知和行为习惯。有些管理者和执行者也意识到了这一点，想要革除这种“亚文化”进而统一认知，但这样做难度极大，反而会拖慢甚至拖垮整个项目。因此最合理的方法还是从“共赢”出发，通过临时性的利益绑定搁置争议，弱化矛盾，这样才能以全局视角确保各部门的平等地位，避免任何一方处于弱势，最终在屏蔽偏见和误解的前提下提升跨部门协作效率。

04

客户合作：

积极下场，制定规则

1888年，戴尔·卡耐基出生在美国密苏里州玛丽维尔市附近的一个小镇，父亲经营一个小农场，家庭生活十分贫困。有一次，别人送给卡耐基一只母兔，由于兔子的繁殖能力很强，母兔很快就生下一窝小兔子，可是卡耐基根本买不起那么多饲料喂养新生的小兔子。最后，卡耐基想出一个绝佳办法，他把邻居家的孩子都邀请过来参观这些活泼可爱的兔子，然后宣布，谁愿意拿饲料喂养兔子，谁就能用自己的名字来命名其中一只兔子。很快，孩子们都认养了一只兔子。

卡耐基参加工作后，从一个普通的小职员做起，凭借自身努力成为一家钢铁公司的老板。后来，他参加太平洋铁路公司合约的竞标时，和商场老手布尔门的铁路公司僵持不下，双方为了竞标成功，都不断地降价，最后利润空间被压缩到不能再压缩的地步。有一次，卡耐基在他住的旅馆门口遇见布尔门，他微笑着伸出手跟布尔门打招呼："我们两家这样恶性竞争，真是两败俱伤哪！"随后，卡耐基诚恳地提出建议，两家公司合并，合作共赢。布尔门被卡耐基的诚挚感动了，但前者还是心存顾虑。经过卡耐基追问才得知，布尔门在意用谁的名字命名新公司，于是卡耐基立即说道：“当然叫‘布尔门卧车公司’！”这正中对方下怀，于是双方最后成功签约，各自大赚一笔。

从养兔子到经营铁路，卡耐基的成功之处在于制定了一个有利于双方的规则，要么是用名字命名兔子，要么是用名字命名公司，而代价则是对方出饲料和生产资源，正是这些规则的制定才打破了僵局，而制定规则的卡耐基也牢牢掌握了主动权。

与客户的合作对企业来讲至关重要。良好的客户合作关系能够带动业务增长，提高企业声誉，最终促进双方获得共赢。但是，与客户合作很难一帆风顺，很多时候会被对方牵着鼻子走，导致己方话语权被削弱甚至利益受损。因此为了争取合作中的主动权，我们就需要积极主动，参与规则制定，避免被动式合作。那么，有哪些规则是我们必须参与的呢？

1

价格规则

报价是与客户合作的核心议题，价格的高低是决定合作走向的关键。与客户合作，不是为了留住客户而主动压低价格，这样一来会破坏行业规矩，二来会压缩己方的利润空间，三来会削弱己方话语权。为此，对于价格，我们要恪守 3 项基本原则。

第一，守住价格底线。无论是短期合作还是长期合作，我们都应该守住价格底线。尤其是在第一次报价时，开价一定要高于对方的心理预期，这样在议价时才有谈判的空间，而一味地开低价并不能避免客户砍价。切记，不管合作多少次，我们都要以打探客户的心理价位为出发点，不要幻想通过开低价维持长线关系。因为客户对价格的敏感度是可能发生变化的，会受对方公司的合作政策变化、市场行情波动及个人主观情绪等因素影响。先出底牌者必然落入被动，须谨记这条规则。

第二，报价因势而定。报价不是一成不变的，面对不同的客户、不同的项目和不同的竞争环境，价格是需要进行合理调整的，当然这个调整应该在价格底线之上，除非极特殊的情况才能打破。比如，与某个大客户合作，能够借助对方的品牌形象为己方“背书”，那么价格底线就可以适当进行调整，因为换来的是己方企业形象的提升，属于“无形资产”增值。再比如，对方对产品或服务的交付时间要求比较紧迫，我们要为此调动公司的全部资源，那么报价必然要适当提高，让客户明白“加急赶工”的价值含量，否则就会混淆“赶工”和常态合作下的交付时间。

第三，选择时机报价。在商务谈判中早报价一般会占据有利地位，但是与客户合作往往要考虑到后续合作、行业规则、企业口碑等多方面因素，我们必须依靠强大的产品或服务的供应能力、性价比超越竞品，从而在行业中站稳脚跟。因此，看准报价时机很重要，报价越晚，意味着我们掌握的信息越多，就越容易明确客户的真实需求，从而做出正确的决策。如果客户迟迟没有表现出明确的合作意愿，我们就要通过不断的正面沟通和侧面了解获得更多判断和决策的依据，在得到客户的认可后，报价更能满足对方的心理预期。

2

分红和风险规则

合作是为了共同赢利，那么在合作之前就要确定分红规则，其主要涉及两个维度。

分红时间——按照月度、季度还是年度分红。

分红份额——按照持股比例分配还是另行约定。

与分红规则相对应的是风险规则，常见的有以下几点注意事项：声称有优势资源的客户，可以尝试和对方签署《对赌协议》，确保其兑现承诺，让其掌握的资源转化为业绩；声称掌握资金优势的客户，可以尝试和对方签署《增资扩股协议》《投票权委托协议》等，防止投资人加入后让己方丢失控制权；声称拥有技术资源的客户，可以尝试和对方签署《技术入股协议》《竞业禁止协议》等，防止合作破裂后成为竞争对手；鉴于客户可能出现中途退出、合作中止的情况，要事先约定“退出规则”，重点锁定“退出的时间期限”“退出时拿走的利润上限”“退出时承担的债务比例”等关键问题。

很多合作项目以把酒言欢而始，却以反目成仇为终，主要还是因为规则不成形、不透明等，导致产生纠纷时无法用事先定好的规则来约束彼此的行为。因此为了捍卫己方利益，一定要主动发起、参与规则制定，这样才能以共赢为目标，双方和谐友善地走向终点。

第9章

情感点拨：

主动是幸福的筹码

01

孤独真相：

爱人不是等来的

安德鲁在美国俄勒冈州彼特兰市经营一家纺织厂，生产的面料柔滑坚韧，拥有多项国家专利。然而，他的妻子背叛了他，还利用婚前协议骗走了纺织厂的专利。遭受打击的安德鲁陷入人生低谷。在一次旅行中，他摔下山坡并被一位名叫玛吉的姑娘相救，他重新感受到了人间的温暖。巧合的是，玛吉也喜欢做纺织品而且技艺不俗，安德鲁觉得自己找到了知音，于是他大胆向对方告白："玛吉，你愿意跟我走吗？我想聘请你做我的技术总监。"然而这句低情商的话让玛吉十分反感，她表示不想做什么技术总监，不过又补充了一句："如果你要我做你的妻子，我就跟你走！"安德鲁又惊又喜，第二天就回家准备婚事。过了一段时间，安德鲁再次回到玛吉的林中小屋，却没想到人去屋空，玛吉则留给安德鲁一张纸条，表示她的父亲不同意这门亲事。

安德鲁四处打听玛吉的消息却始终没有结果，寂寞时他就拿着玛吉为自己补好的一件夹克衫抚摸着，仿佛就像在抚摸玛吉勤劳灵巧的双手。他无意中发现在夹克的缝补位置上有细密的针脚，他经过认真观察才发现那是玛吉的祖传针法。除此之外，安德鲁还发现了几个绣得非常隐蔽的字母，拼写出来就是“安德里斯”。

安德鲁很快踏上了寻找玛吉的旅程，终于在一个叫安德里斯的小镇找到了玛吉。安德鲁埋怨玛吉在折磨自己，而玛吉却教给了安德鲁“最后一针”——原来夹克上的针法缺了最关键的一针，只有当安德鲁找到玛吉时才能得到全部的技术。很快，安德鲁用玛吉的针法申请了专利，挽救了公司。

如果安德鲁不敢主动表白，就不会得知玛吉也喜欢自己，而如果他没有在玛吉离开后继续努力寻找并发现夹克的秘密，他也不会收获最终的爱情。正是因为敢于主动出击，安德鲁才拥有了圆满的爱情和辉煌的事业。

有些人总认为靠等就能等到灵魂伴侣，即使在遇到意中人之后也不愿主动出击，总是天真地以为对方会主动。然而，当我们跳出这种狭隘视角会发现，那些优质的恋爱对象并不会只出现在我们身边，也会同时吸引其他人，而在这种情况下，往往是愿意主动出击的那个人胜率更高。退一步讲，即便主动未必成功，但完全不主动更不可能成功。

适合共度一生的伴侣很少从天而降，至少你得迈出一小步。主动争取爱情，可以从以下 4 个方面开始。

1

放下自卑

很多人迈不开追求爱情的第一步，往往源于自卑，认为自己不值得被爱，也害怕遭到拒绝，从而落入被动关系模式，这也是一个常见的恋爱误区，即只有足够优秀，才配被爱。以故事中的安德鲁为例，他在追求玛吉的时候是一个事业、婚姻双失败的人，但是他没有因此自卑，一方面是因为他相信自己有东山再起的机会，另一方面是因为他相信玛吉不会只关注自己的“世俗成就”，正因为解开了自我的枷锁，安德鲁最终追求到了属于自己的爱情。

获得爱情的第一步，是停止自我贬低。没有这个前提，即便你马上行动也是戴着脚镣行进，既走不快，也走不远。

2

发现对方的兴趣点

主动争取爱情，自然要赢得对方的好感，最简单的办法就是发现对方的兴趣点，就像安德鲁发现玛吉喜欢针织那样，这才容易构建话题、找到彼此的共同点，具体有 3 种方法。

第一，观察。当我们和对方相处时，通过其言行举止发现其兴趣点所在，比如喜欢吃什么，喜欢浏览哪些社交媒体，喜欢什么类型的电影、音乐等，这样就有了打破沟通屏障的话题，确保不会把天“聊死”，而这种主动发现也会增加我们在对方眼中的好感度，方便制造惊喜。

第二，沟通。当我们无法通过观察捕捉到对方所有的兴趣点时，也可以通过聊天来获知，这样既达到了目的，又能引导和加深交流，不过要避免“查户口”式的询问。

第三，跟随。有机会的话，要和对方一起参加线下活动，如聚会、出游等，这是发现其兴趣点的绝佳机会，而且彼此更容易通过集体活动展示自我，密切彼此的联系。

在我们成功发现对方的兴趣点之后，就能游刃有余地在日常交流中和对方学习、分享，不断扩大双方的共同兴趣，增强彼此之间的吸引力，有效开展恋爱关系。

3

展示好感

展示好感不等于表白，它是向对方传递“我喜欢”的一种信号，在表白时机成熟之前，我们可以通过以下两个方面进行暗示。

第一，表情和动作。和对方交往时，一个微笑、一个眼神都能表达好感，特别是当自己的目光注视对方时，要表现出赞许、仰慕、欣赏等正面情绪，让对方感受到自己的爱和热情。当对方进行回应时，自己也要表达出自己的开心和喜悦，形成正反馈，加速感情升温。

第二，深度交流。和对方探讨彼此的兴趣点时，可以通过展示自身擅长的领域来吸引对方注意，这也是一种情感表达。同理，对方与自己分享知识、经历或者情绪时，也要充分回应，这意味着自己很在意对方。

4

营造浪漫氛围

当我们和对方关系更进一步时，可以主动营造浪漫氛围，为之后的表白创造条件，比如选择对方喜欢的餐厅、公园、旅游景点等，然后通过送一件“走心”的礼物让对方感受到自己的用心程度，增加向对方表白成功的概率。

相信爱情的人，才会遇到爱情，而敢于主动追求爱情的人，才能拥有爱情。只有主动搭建沟通桥梁，积极向对方传递爱意，才能给予对方良好的恋爱体验，即便对方不能接受，只要保持这种积极状态，总会有所收获。

02

理性经营：先谋生再谋爱

黎荫铭和伍晓梅是一对曾经参与新中国核弹实验的夫妻，他们为共和国的国防事业奉献了一生，并相濡以沫，书写了一段浪漫的爱情故事。

1962 年，18 岁的伍晓梅被当时的北京农业大学录取，在去学校报到的火车上，她和返回北京大学的黎荫铭相遇，伍晓梅被黎荫铭安静的性格吸引。在上火车前，伍晓梅的母亲托她带一挂香蕉给北京的朋友，她用手拿着实在不方便，黎荫铭在下车前便将自己的书包给了伍晓梅，伍晓梅也得到了黎荫铭的地址。一个星期后，伍晓梅拿着洗干净的书包来到北京大学，将书包还给了黎荫铭，结果天降大雨，黎荫铭又将自己的伞借给了伍晓梅。在经历了还书包和还雨伞之后，两个人的感情进一步升温。然而，20 世纪 60 年代的大学不鼓励大学生谈恋爱，两个人就从恋人暂时变成普通的朋友。后来，黎荫铭被分到部队工作，在一次意外中脸部受伤，伍晓梅得知后毅然决定和黎荫铭确定恋爱关系，1969 年两人结为夫妻。

婚后，由于黎荫铭要参与核试验，不得不和伍晓梅两地分居，一年只能见一次，但是伍晓梅并没有抱怨，因为她理解丈夫是在为祖国的国防事业做贡献。1970 年，他们的儿子出生，却只能留给奶奶照顾，直到孩子上大学，夫妻俩都是两年才能回去见一次孩子。1998 年黎荫铭退休，因为长期从事高强度工作，他的耳朵和眼睛功能衰退，伍晓梅就成了他的“眼睛”和“耳朵”。她表示自己从不后悔和黎荫铭结为夫妻，她愿意和丈夫相守一生。

黎荫铭将一生的热血挥洒在祖国的国防事业上，而伍晓梅甘愿承受聚少离多的痛苦支持丈夫，这对革命恋人都默默地把“事业高于爱情”当成了人生信条，展现出了高尚的思想境界。

健康的爱情，应该促进彼此事业的发展，而不是成为阻碍事业的绊脚石。抛开理想、信念等要求较高的精神要素，单从现实角度来看，没有事业，爱情就不会有牢固的物质基础，这就从根本上破坏了爱情的稳定性，等到这种不稳定开始反噬爱情时，你才会意识到自己已经陷入了被动之中。

有人总是错误地把“爱情”和“物质”对立起来，认为爱情是“精神”层面的，一旦涉及物质就是将爱情“庸俗”化了，因此有些人对恋爱对象采取这种绑架方式：“你对工作比对我还上心！”

渴望爱情，不等于无条件迁就爱情；爱情需要物质基础，并不是将爱情物质化。作为恋爱中的一方，需要通过语言和行动向对方传递“先谋生再谋爱”的信号，并尽量和对方达成共识，避免被对方的“爱情至上主义”绑架，从而陷于被动。那么，如何在这方面掌握主动权呢？

1

表达工作稳定的重要性

很多人在恋爱中声称缺少“安全感”，除去感情欺骗这一大类之外，很大程度上是物质基础不稳定造成的：工作不稳定，会导致工作地点、工作时间的频繁变更，自然会影响到恋人间的相处；收入不稳定，会导致交往中的必要花销难以实现或者大幅削减，给对方传递“他（她）不爱我”的误导性信号……为了避免这些负面后果，我们就要从正面影响出发，给对方传递出“稳定的事业会让我们的爱情更牢”的信号。

比如，我们在谋求稳定的工作之后，可以带对方到公司附近的热闹区域观光。如果公司位于非闹市区，也可以带对方参观附近的特色景观，告诉对方“这里距离你家很近”“这里距离你单位不远”，让对方从感性层面认识到我们的“事业趋于稳定”，这有利于巩固恋爱关系。除此之外，要尽可能地将工作中的福利分享给对方，比如公司发放的节假日礼品、福利券、赠送的电影票甚至是奖金，强调其来源然后馈赠给对方，让对方在惊喜之余意识到这些都是“稳定的事业”所带来的，使对方成为受益人，弱化对立性。

2

展示工作的高光之处

仅有物质分享是不够的，因为对方可能并不在意这些，最好的方式还是让对方认同我们的工作，这就需要我们多多展示自己的职业特点或者创业方向，借助名牌企业、知名客户、行业前景等因素进行“背书”，让对方尊重我们的职业，看到我们创业的价值。比如，如果条件允许，可以带对方过来参观，向其传递优秀的企业文化和年度业绩，从而凸显工作价值和意义。如果是自由职业或者创业刚起步，也可以通过展示“软实力”获得对方的认同，比如带对方和创业团队聊天、聚会，感受创业激情，或者直接与对方分享工作成果、向对方请教等，当对方对我们的工作有足够的了解及参与感之后，会在潜意识里把自己当成“精神股东”，这样就不会站在工作的对立面了。

3

树立共同目标

健康的爱情不能只限于卿卿我我，应该涉及个人理想和职业规划。恋爱双方在深度交流时可以找机会谈谈这个话题，通过我们的主动引导帮助双方建立共同目标。比如成为某个领域的先锋人物或者 3 年之内成为行业的领跑者等，目标的大小不重要，重要的是把工作和爱情的幸福感绑定。正如很多革命情侣那样，让彼此的世界观、价值观趋向一致，成为互相鼓励的奋斗型伴侣，这样不仅能提高彼此的上进心，也能加深双方的感情。

很多人在恋爱中反对“工作至上”，是因为工作和爱情变成了“负相关”。工作越忙，越没有机会陪伴爱人。因此，树立共同目标就是让工作和爱情变为“正相关”，把事业和爱情的关系从对立变成并行。

没有物质基础的爱情是畸形的，它会让我们局限于狭小的二人世界中，错失自我成长的机会和动力，与其被动等待对方“觉悟提升”，不如主动行动起来，成为爱情中正能量的引导者，让恋爱的激情转化为奋斗的干劲，在彼此尊重、相互理解的基础上实现梦想、永固爱巢。

03

形象塑造：打造你的“恋爱价值感”

伊丽莎白·巴莱特出生在英国一个富有的家庭中，她在15岁时不慎从马上摔下来，导致脊椎严重受损，从此只能躺在床上。巴莱特喜欢诗歌，她就用诗歌来倾诉自己的痛苦、伤感和希望。1938年，巴莱特出版了她的《天使集》。1945年，巴莱特又连续出版了两卷本诗集，成为英国富有名气的女诗人，取代了华兹华斯的地位，与丁尼生齐名。

巴莱特的才气让不少读者为之着迷，其中就有一个名叫罗伯特·白朗宁的年轻诗人，两个人因诗结缘，开始了长达4个月的书信往来，最后白朗宁凭借真诚赢得了巴莱特的信任——他被准许进入巴莱特的病房。随后，白朗宁便看见一个瘦小无力、蜷伏在沙发上的柔弱女子，这副模样深深打动了他。

在和巴莱特会面的第三天，白朗宁给她写了一封热情洋溢的求婚信。然而巴莱特无法接受这个事实，因为此时的她已经39岁了，而白朗宁比她小6岁。最终，巴莱特拒绝了白朗宁，并表示如果再提结婚的事就不再与他来往。白朗宁马上给她写信检讨自己，他们重归于好。然而就是从这时开始，白朗宁每天都要给巴莱特写一封信，每隔几天还要将一束象征爱情的玫瑰送给巴莱特，给那间原本昏暗的病房带来了盎然的生机，巴莱特也迎来了生命的奇迹——她迅速恢复了健康，萎缩的肌体重新展现出生命的活力。当春天来临时，巴莱特居然依靠双脚走出了房间。

当白朗宁第三次向巴莱特求婚时，巴莱特再也无法拒绝了，因为她知道自己再也无法离开这个男人了。1946 年 9 月，巴莱特不顾家人反对，离开家园来到意大利和白朗宁生活，他们后来还生下一个孩子，爱情的力量让巴莱特孱弱的生命延续了 15 年，让她创作了更多优秀的诗作。

白朗宁的锲而不舍让不少人感动，很多人都幻想着能被人这样执着坚定地追求，但是人们也忽视了一件事，那就是巴莱特作为知名女诗人的“光环”。如果不是巴莱特的诗打动了白朗宁，那么白朗宁对她恐怕只能表现出同情和怜悯，而非发自内心的爱慕。

在恋爱中，到底是什么因素能让某一方坚定不移、苦苦追寻呢？或许在不同人眼中有不同的答案，有人看中了对方的性格，也有人看中了对方的头脑。总之，对方必定至少有一个别人不具备的优势因素，而这个因素就是恋爱价值感。简单地说，就是让我们投入一段恋爱中的“价值吸引”。谁的价值感越高，谁的吸引力就越强，就越容易得到对方的追求和守护。

“恋爱价值感”的内核是“个人价值”，既包括技能、经验等实用性价值，也包括情绪、好感等内含价值，以及信用、人脉、奉献程度等社会价值，只有处处凸显这个价值，我们在恋爱中才不会处于被挑剔、被审视的地位，这样当我们主动追求爱情时，成功率也会大幅提高。

1

硬价值展示

硬价值主要是指财富、地位、学历、人脉等硬实力，向恋爱对象展示这些并非出于炫耀，而是证明自己有能力给对方幸福，是一个追求上进、前途似锦的伴侣。通常，硬价值展示可以通过线上和线下两种渠道。

线上主要是通过朋友圈展示，比如参加了某个大型活动、会议，得到了公司或领导的嘉奖及客户的认可等，通过这些间接信息侧面衬托硬价值，营造出一种合情合理的“成功感”，既不让对方反感，也能展示个人的能力。

线下主要通过解决问题的能力来展示，比如伴侣想去一家高档餐厅用餐，却因为总排不上队无法如愿，而你依靠人脉解决了问题，同时也没有大张旗鼓地“邀功”，反而表现出一种“小事一桩”的态度，从侧面展示了自己的硬价值，从而在自己身上贴上了正面标签，让伴侣不得不重视和尊重你。

2

软价值展示

软价值主要是指性格、谈吐、思维方式等特点，和硬价值相比它更能表现出一种“利他”的属性。温和的脾气包容人，幽默的谈吐吸引人，睿智的思维方式能够指导他人……不过，软价值不能单纯地通过朋友圈展示，这样就显得十分刻意且虚假，而需要在日常互动中展示，比如你对伴侣的关怀、在伴侣伤心时的安慰和开导等，既能展示软价值，又能传递出对伴侣的爱护和关注，让对方对你逐渐产生强烈的依赖感。从这个角度看，白朗宁对巴莱特无微不至的关心就是一种软价值展示，最终让对方对其难以割舍。

软价值的核心其实是情绪管理能力，因为恋爱中难免发生摩擦，其中很多冲突都是因为闹情绪而引发的，所以“高情商”对伴侣而言十分重要。比如在双方发生争执后，只要并非原则问题，主动和解就能展示良好的情绪管理能力。相反，那些喜欢较真、讲大道理的人，可能在思维方式上有软价值，却会因为情绪管理能力差而“遭遇差评”。

3

个人魅力展示

这里所说的个人魅力主要是指良好的外在形象，并不是特指容貌，而是穿着打扮、言谈举止、礼貌礼节等一眼能够发现的元素。个人魅力突出的人，未必是具备软、硬价值的人，却可能是社交圈中广受欢迎的人，自然在恋爱中占据一定的优势。因此，学会穿衣打扮、保持良好的个人卫生习惯、面对生人不怯场、懂得各种社交礼仪等，这些都能帮助我们成为人群中最闪耀的那颗“星”，成为人们易于接近、乐于接近的恋爱目标。

无论是软、硬价值还是个人魅力，都需要我们在开始恋爱之前就要努力提升。它必须是真实存在的，而非刻意伪装的，只有建立这个基础，我们才能在恋爱中具有隐形的“议价权”，时刻充满安全感，对关系的走向掌握主动权。

04

迎接考验：

美满的关系靠磨合

梁波罗曾经出演《51 号兵站》《小足球队》等多部影片，是很多人心目中的“白马王子”。不过，青年成名的他并没有急于谈恋爱，而是将全部精力投入到所热爱的演艺事业中。在“文革”时期，梁波罗以“莫须有”的罪名被关进牛棚，遭遇了人生的逆境。此时，有人关心他的个人感情问题，但是梁波罗知道他在当前的处境下只会耽误别人。就在这时，一个名叫刘君蓉的女子出现在他的生命中，她不仅没有看不起梁波罗此时的身份，还在他摔断腿后将他接到自己家中悉心照顾。

1970 年 10 月，梁波罗与刘君蓉结为连理。不过，婚后的生活比较艰难，一方面是梁波罗的“问题”没有查清，只能继续劳动改造；另一方面是他们的生活并不宽裕。在女儿出生之后，梁波罗虽然将女儿当成掌上明珠，但是无法为女儿提供更好的生活。夫妻二人就是在这种困境中彼此扶持，逐渐磨合，他们之间虽然没有特别难忘、特别浪漫的时刻，然而对彼此的关爱已经融入生活的柴米油盐里。毕竟，生活不是演戏，真情不是靠嘴说出来的。

进入20世纪80年代，梁波罗得到平反，接连出演了《小城春秋》《子夜》等电影，同时还在电视台担任主持人，忙得不亦乐乎，没有太多时间照顾家里，然而刘君蓉还是非常支持丈夫。1992年，梁波罗被查出患上了死亡率极高的急性坏死性胰腺炎。刘君蓉虽然感到天旋地转，却很快让自己平静下来，安排梁波罗做手术，最终梁波罗转危为安。梁波罗曾说，刘君蓉是他的福星，是他一生都需要感谢的人。这对夫妻携手走过了50多年的风风雨雨，修成了让无数人羡慕的“金婚”。

怎样的爱情故事是最动人的？有人会想到《罗密欧与朱丽叶》，也有人会想到《罗马假日》，然而这些爱情故事都有强烈的艺术加工色彩，它们更多表现的是男女之间一见钟情的美妙过程，并没有涉及生活中的柴米油盐。而梁波罗和刘君蓉的爱情，是历经考验和磨难之后修成的正果，是走过一地鸡毛之后的心心相印。他们没有像演戏时那样动情地说出“我爱你”三个字，而是将这一切化为行动，把爱情变成了现实中的点点滴滴。

“一眼万年”的确是很多爱情的开始，这也是爱情的魅力所在，但它无法撑起爱情的全部，特别是当爱情转变为婚姻之后，关系的持久性就取决于对彼此的理解、包容和支持，而要达到这种不离不弃的状态，更需要经过一段时期的磨合，其长短因人而异，但过程不可或缺。

磨合并非因为原则性的冲突，最典型的就是“马桶圈问题”，即男人认为女人上厕所以后应该把马桶圈掀起来，而女人则认为应该放下来。这就是恋爱中烦心的小事，如果放任不管或者坐等对方按照自己的意愿改变，那就是放弃了爱情或者婚姻的经营权，让自己陷入被动状态。

随着新鲜感的逐渐退去，彼此的缺点会逐渐展现出来，此时的“马桶圈问题”会扩大到生活的各个方面，这时我们就要主动引导对方在磨合期中弱化矛盾、解决冲突，维系感情内核，让磨合期再次变为甜蜜期。

1

信任对方，让对方信任

信任是任何关系的基石，特别是对于恋爱和婚姻，如果不信任对方，就会在产生矛盾后怀疑对方是否还爱自己，甚至是否爱过自己，一旦产生这种想法就会下意识地寻找“证据”，而找到“证据”是非常容易的，由此陷入恶性循环之中。因此，我们不能轻易对伴侣的言行产生根本性的怀疑，而是首先理性地思考其背后的原因，同时观察类似言行发生的频率，在确定不是偶发性行为之后再做考虑。相应的，我们也不要做出让对方怀疑和误会的举动，即便发生争执也不能说出伤人的话，更不能通过暴力来解决问题，在争执发生后要主动示好或者接受对方的示好，避免信任危机加深。

2

换位思考，成为对方

热恋时，我们对伴侣的信息总是回复得很快，对伴侣的言行举动也会表示认同，但是在热恋期过后我们就变得不那么在意对方的感受，这种落差会让磨合期变得非常危险，特别是首先做出冷淡举动的一方，这样做是在破坏感情基础。因此，我们要主动尝试换位思考，代入对方视角来看待自己的冷淡之举，到底是出于客观因素还是主观因素，是“真忙”还是“假装很忙”，当我们也觉得无法承受这种冷落时，就要学会改变，尽可能找回热恋时的节奏。同理，感觉被冷落的一方也要学会理解对方，如果确定对方是由于忙于工作或者情绪不佳，就不要用热恋的标准要求对方，而是积极给予对方理解和安慰，敢于做恋爱冷场后的“破冰人”。

3

学会感激，珍惜当下

以现在的生活节奏和价值观来看，能够进入磨合期的伴侣已经成功了一半。因为他们至少接受了激情退去后的平淡，后面要做的就是珍惜眼前人，守住当下，不要将对方的付出当成是理所应当的。因为热恋时充满激情，动力满满，在磨合期有所下降是正常现象，要学会感激对方给予自己的关爱并予以正面回应，彼此形成正反馈。如果对方不善言辞，那我们就要主动承担起恋爱关系中的“管理员”和“气氛组”，适当制造一些小浪漫，让彼此找回热恋时的甜蜜，珍惜此时的相拥相守。

无论是恋爱还是婚姻，都是一场漫长的修行，而磨合期就是走上坡路的困难阶段，当我们确定自己没有选错人时，就要主动拉住对方的手迎难而上，共同走过磨合期，奔向幸福的终点。

第10章

纵横人生：

主动权就是生命力

01

积极暗示：

即便打工，你也是自己的老板

美国作家丹·布朗在创作《达·芬奇密码》的时候非常艰难，因为这本书融合了悬疑、历史等复杂因素，需要大量的知识，这让布朗在创作时经常绞尽脑汁，甚至一度被迫停止，因为他怀疑自己能否完成这部作品。最严重的时候，布朗白天无法写作，夜里又睡不着觉，陷入巨大的焦虑和痛苦之中。

一天晚上，布朗梦见自己的小说获得了大奖，荣登小说排行榜首位。梦醒之后，布朗十分享受这种"成功的喜悦"，也就在这个时候他忽然脑洞大开，马上让人装订了一本外观十分精美的"小说"——里面一个字都没有。同时，布朗还特地订制了一份伪造的《纽约时报》，里面刊登着小说排行榜，而他的小说"位居榜首"。就是这看似儿戏一样的自我欺骗，让布朗顿时产生了"大获成功"的错觉，这种错觉非但没有麻醉他，反而让他自信心"爆棚"。每天写作之前，布朗都会摸一摸印刷精美的"小说"，看一看"小说排行榜"，随后他的思维变得异常敏捷，完全没有了之前的卡顿和纠结。在这种文思泉涌的状态下，布朗在 2003 年成功写完了《达·芬奇密码》，出版发行后竟然真的登上了小说排行榜首位。

瑞士心理学家卡尔·荣格曾经提出过“积极想象”这一概念：“积极想象是把清醒状态下的潜意识内容具象化，并有意识地与之建立联系，会产生有益的效果。”简而言之，积极想象就是一种积极的心理暗示，能够提升个体的行动力，减少挫败感，并且提升机会感知力，在客观上为日后的成功铺平了道路。

如今很多打工人选择“躺平”或者抱着“佛系”的心态，主要原因是看不到生活的希望，即认为自己无论怎么努力都是在给老板打工，久而久之就失去了工作的动力。其实，这是从心理源头将我们的自信心和成功欲给封堵了，我们不必自怨自艾，而是应该像丹·布朗那样，假装自己成功，这样才能积极主动地行动起来，而不是被所谓的命运驱使。为此，我们需要从以下 4 个方面切入，树立“老板心态”，强化“成功意识”。

1

摆出成功姿态

哈佛商学院教授、社会心理学家埃米·卡迪在 TED（Technology，Entertainment，Design，意为技术、娱乐、设计。美国一家致力于做短时间主题演讲的非营利机构）演讲中说：“在生活中假装成功，将帮助人们获得成功必备的某些心理力量，从而让人更容易迈向成功。”卡迪认为，当一个人能够摆出高能量姿态时，就能让身体调整到最佳状态，从而增强信心，找到解决问题的办法。职场上也不乏这种现象。当一个人自认为是执行者时，很容易“被动工作”，只会机械地按照上级的要求做事，可一旦被赋予了某种权力和身份，就会变得干劲十足。如果把这种状态移植过来，那就是克服了人性中的“懒惰”“消极”“逃避”等弱点，将自身的工作潜能、领导潜能和抗压潜能充分发挥了出来，而当我们展现出这些优秀特质之后，就能赢得同事的信赖和上级的重视，未来自然会有担当重任的机会。

2

相信自己会成功

相信成功是取得成功的前提条件。自信会驱动我们自发、自主地挑战难关、克服障碍。心理学中有个“吸引力法则”，是指人的思想集中在某个领域时，那么跟这个领域相关的人、事、物就会被吸引而来。这并不是一种“玄学”观点，而是基于事实和逻辑的分析。当一个人谋划着如何创业时，自然会把想法传递给身边的人，可能就有人成为他未来的合作伙伴或者向他推荐志同道合的人。同时，他的关注点会让他发现更多的行业发展趋势和商机，会让他更为主动地发现自身的短板并进行改正……于是他一步步地吸引到了大量的创业资源，而他本人也会在这个过程中发生改变，更加符合“创业者”的条件。

3

全力付出

全力付出是取得成功的必要条件。就像埃米·卡迪所说的那样：“像成功者一样去思考、去做人做事，才能以全新的自我去拥有新的格局和视野。”以职场人为例，当我们树立了一个人生目标后，要解决的核心问题就是获得成功的能力，它包括专业能力、社交能力、商务能力等多个方面，为此我们就要进行高效学习。

首先，将复杂的知识和技能进行分解，通过拆分我们能够更好地理解和掌握知识，同时提高消化知识的效率。其次，采用“多渠道法”学习，比如结合视觉、听觉和触觉等，不要一味依托于书本，可以借助视频教学、线下课程等，通过和他人讨论校正、强化知识。最后，不断练习和实践，以检验学习成果，将其应用到工作和生活中，形成连贯的、清晰的思维链条，提高我们在短时间内分析问题和解决问题的实操技能。

4

学会吸取教训

从失败中吸取教训是取得成功的关键条件，如果只是单纯的“不怕失败”，那不过是一种莽夫之勇，很可能会重蹈覆辙，因此我们要学会从失败中吸取教训，有针对性地提升能力，特别是借助他人的失败吸取教训，尽量避免走弯路。

理查德·泰普勒在《极简工作法则》中写道：“聪明的人会从自己的错误中学习，而有智慧的人会从他人的错误中学习。”成功往往需要创新，而创新意味着风险。如果我们能够主动观察和分析别人的失败案例，就能从中找到更为科学合理的创新路径，减少自身的试错成本。

美国思想家拉尔夫·爱默生曾说：“生动地把自己想象成失败者，这就使你不能取胜；生动地把自己想象成胜利者，将带来无法估量的成功。”当我们内心深处认定自己会成功时，我们才愿意朝着成功的方向努力，由此产生巨大的自我驱动力，它能让我们主动把握命运，最终让“梦想照见现实”。

02

重拾勇气：

纵使失败也要找到自己的轨迹

1832年，林肯失业了，生活不顺的他依然想成为一名政治家。然而在竞选州议员时，他失败了，一年里连续遭受两次打击让他痛苦不堪。随后，林肯开始创业，然而过了不到一年的时间就以失败告终，在接下来的17年里，林肯都不得不持续偿还企业倒闭时留下来的债务，这让他身心俱疲。不过，当林肯再一次参选州议员时他成功了，他认为自己终于时来运转。1835年，林肯订婚了，可是距离结婚还有几个月的时候未婚妻不幸去世，命运又一次给了林肯沉重的打击，他直接病倒在床、数月不起。1836年，林肯患上了精神衰弱，每天都生活在疾病的煎熬之中。1838年，林肯的身体终于恢复了一些，他去竞选州议会议长，结果失败了。1843年，林肯重整旗鼓竞选美国国会议员，结果又一次遭遇失败。

1846年，林肯再次参加国会议员的竞选，这一次他成功当选了。随着两年任期过去，林肯决定争取连任，却意外落选了。随后，林肯申请担任本州管理土地的官员，却被州政府拒绝。然而，林肯依旧没有认输，1854年他再次竞选参议员，结果失败。1856年，他去竞选美国副总统，依然失败。1858 年，林肯竞选参议员，还是失败。但是，他就是没有放弃，直到 1860 年，他成功当选为美国总统。

林肯的失败次数恐怕不比普通人少，但是他和大多数普通人不同的是，在失败之后能重新振作，为了实现理想而不懈努力，与他最终取得的功绩相比，这份追逐理想的勇气更值得人们尊重和学习。那么，当我们频繁遭遇失败时，应该牢记以下 4 点：

1

培养“主动性人格”

心理学有一个概念，叫“主动性人格”，意思是个体不受情境阻力的制约，不断探索新的途径，善于捕捉机遇，主动采取行动以改变外部环境的行为倾向性。当人们遭遇挫折之后，往往会因为“失败恐惧症”而采取战略收缩，退回到舒适区中，不敢进行开拓性的行动。表面上看这样做确实规避了失败的风险，但也彻底葬送了成功的可能。因此，我们要培养“主动性习惯”，以失败为新的起点，继续朝着舒适区之外探索，拥抱随机性和不确定性。

探索意味着风险，但探索本身是有价值的，因为尝试新的事物能够增加我们发现最佳选择的机会。人类在远古时代正是通过不断探索才发现了适合自己的食物、住所、生产方式等，这就是主动性人格为我们拓展的“成功半径”——探索越多，机会越多。如果林肯只甘心做一名州议员，就无法成为总统。从现实的角度看，当我们费尽周折“深耕”舒适区时，反而会发现此处资源枯竭，不如去探索更有挑战也更有价值的冒险地带，或许能提高成功的概率。

2

尝试接纳自我

失败带给人最大的打击就是自我否定，它会直接切断我们通往成功的路径。因此，我们在提升专业技能的同时，更应该时刻了解和认识自己，接纳一个不完美的、正在走向成熟的自己。这样一来，我们既不会盲目自卑，也能找到不足，从而有针对性地完善自我。

有些人之所以习惯自我否定，是因为总是被失败的阴影包裹，触发了“白熊效应”，即越是想着不去想，越容易想起，其结果就是我们难以忘掉失败的耻辱。与其被负面经历影响，不如把主动选择权掌控在自己手中，把“发现缺点”当成“优化自我”的契机，同时找到自己的优势，反而会带来事半功倍的效果。因为，发现自己的优势是接纳自我的核心部分，纵然我们多次失败，也要尝试从多个角度分析自己的技能，画出一张个人技能图或者建立技能清单，从而了解自身潜力，激发主动性，使自己变得更强。

3

建立自我价值感

自我价值感，指的是个体看重自己，认为自己的才能和人格能够受到社会的重视，在团体中拥有一定的地位和声誉，同时在拥有良好的社会评价时产生的积极情感体验。自我价值感是由“自我”和“价值感”两个部分组成的。其中“自我”是一个限定词，它意味着这种价值感源于自己，那么能够给予它延续下去的力量的人也只能是自己，如果我们在实现价值感的过程中自暴自弃，就背叛了“自我”，同时抛弃了“价值感”。因此，我们一方面要具备不怕被人讨厌的能力，另一方面要寻找身边的“睡美人”。

在职场中，“睡美人”是指一个人目前拥有的有价值的，却没有得到重视的资源。当自我价值感降低时就会诞生大量的“睡美人”，比如我们的职业经历、爱好特长、人脉储备等，只有当我们迅速从失败中冷静下来，避免否定自我，才有机会打开视野，找到那些被自己遗忘的、忽视的、有助于成功的要素。

4

避免“分析瘫痪”

“分析瘫痪”是指一个人因为过度分析或过度思考，而导致行动或者决策瘫痪，没办法及时做出相应的行动或决定。比如，一些人因为失败而引发了焦虑，继而在决策上变得犹豫不决。为此我们可以采取“四七法则”，即在做出决策时，我们掌握的信息只要占到全部信息的 40 ~ 70% 即可，这是最佳的决策区间。低于 40%，代表我们对事物不够了解；高于 70%，意味着我们过于小心谨慎导致“信息超载”。

失败对于大多数人来说是常态，然而常态并不意味着是必然。只有勇敢地拾起被挫折打落的勇气，主动寻找属于自己的人生轨迹，以积极阳光的态度前进，才能真正面对现实，为了成功而再度奋力一搏。

03

正视野心：

逆袭都是从主动做梦开始

1805 年，一个贫穷的鞋匠之家生下一个男孩，男孩十分喜欢写作，但是他的命运比较凄惨。借着一个偶然的机会，他见到了王子，他满怀希望地在王子面前唱歌、朗诵剧本。在表演结束后，王子问男孩想要什么赏赐，男孩大胆地回答：“我想写剧本，而且在皇家剧院演戏。”王子看着这个长得难看的孩子摇了摇头，最后冷冷地对他说：“能够背诵剧本可不代表能够写剧本，这完全是两回事，我建议你还是去学一门有用的手艺吧。”男孩的自尊心遭受了极大的打击。1816 年，男孩的父亲去世，男孩只能进入一所慈善学校读书，随后母亲也改嫁了，然而继父对他并不好，让他感觉是家中多余的人。1819 年，男孩打破了储钱罐，向母亲和继父道别，独自去了哥本哈根开始了个人奋斗。男孩相信，只要自己愿意努力，总能做出一番成就。

男孩来到哥本哈根后尝尽了人间疾苦，他挨家挨户地按门铃，几乎找遍了所有的达官贵人，希望有人能赏识自己。在最困难的时候，他几乎衣衫褴褛地在街头游荡，然而他内心的梦想之火不曾熄灭。1822 年，他创作的悲剧《维森堡大盗》和《阿芙索尔》终于得到了剧院导演约纳斯·科林的资助，这让他看到了希望。1827 年，他又发表了诗作《傍晚》和《垂死的孩子》。1829 年，他写出了一部浪漫主义作品《阿马格岛漫游记》。不过这些作品并没有引起多大反响，直到 1832 年，他发表了《跳蚤和教授》《老约翰尼的故事》《开门的钥匙》等童话之后才找到了方向。1835 年，他的童话故事在儿童中间广为流传，被译成多种文字，世人牢牢记住了他的名字——安徒生。

很多人都曾有梦想，但是能够坚持到梦想实现的人并不多，一些人甚至连梦都不敢做，因为在他们看来自己根本没有能力和机会让梦想成真。对此，安徒生说过一句发人深省的话："只要你是天鹅蛋，那么即使你是在鸭栏里孵出来的也没有关系。"敢于做梦，才能主动抓住机遇迎来命运的逆袭；正视野心，才有动力创造机遇走向人生的巅峰。

怀揣梦想的本质是不忘初心，这是忠于内心选择的表现，也只有时刻让梦想在前方指引我们，才能持续为自己赋能，这才是主动经营人生、主动改写命运的正确态度。

1

思维进阶

树立梦想，相当于为我们的人生设置一个更高的台阶。相应地，我们的思维也需要进阶，这样才能匹配我们设置的目标。思维进阶有很多方法，最简单易懂的一种是"黄金圈思维"。它是由 TED 演讲者西蒙·斯涅克提出的一种由"Why-How-What"组成的黄金圈法则：外圈是"What"，意思是做什么，通常是指事物的表象；中圈是"How"，意思是怎么做，通常是指实现目标的途径和方法；内圈是“Why”，意思是为什么做，通常是指做事的初衷和核心理念。

在这3个圈层中，最重要的是中圈和内圈，因为很多人在思考和行动的时候往往只停留在外圈，然而黄金圈思维是由内向外进行思考的。黄金圈思维是一种逆向思维，它打破了很多人从外圈向内圈思考的逻辑过程，选择了最能有效解决问题的思考路径：先考虑为什么，去除表象的迷惑性信息，探究其深层原因，然后问怎么做，在弄清事物本质之后对“Why”进行梳理，以此为基础，到考虑做什么的时候就水到渠成了。

黄金圈思维能够帮助我们在实现梦想的路途中少走弯路，同时有助于我们增加思考的深度，它可以被看作是一种动力管理方式，通过内圈的“Why”来驱动大脑进行工作，让我们在效率低下的时候重新增强动力，而非用结果去强行驱动大脑进行反思。除此之外，黄金圈思维能够让我们用高价值产生高意志，进而强化主动性和行动力，推动我们在实践中突破和创新。

2

找到自我

德国诗人赫尔曼·黑塞曾说：“对每个人而言，真正的职责只有一个——找到自我。然后在心中坚守其一生，全心全意，永不停息。”一个找到自我的人，才能对自己充满信心。

在心理学中，自信是指个体对自身成功应对特定情境的能力的预估，它原本是描述人在适应社会时的一种自然心境，从逻辑上讲具有一定的盲目性，如果想要避免这种盲目性，就要通过“找到自我”来校正。

“找到自我”的另一个作用是尊重自己的选择，这样才能把生活过成自己想要的样子。

心理学家勒温将选择分为双趋冲突、双避冲突和趋避冲突3种，即两个都很有诱惑的选择、两个都很有害的选择和两个好坏各占一半的选择。在现实生活中，能够做好选择的人并不多，这是因为其中的利害关系有时候很难量化，加上人的贪婪和恐惧就会犯错，尤其是在面对梦想时，很多人会因为害怕失败、害怕被嘲笑等外部因素而做出错误选择甚至放弃。对此，勒温给出了一个最好的解决方案：增强独立性，因为独立性强的人更加理性，能够在周密的思考中做出最符合客观实际的选择，而独立性的重要前提就是找到自我并坚守自己的梦想，只有保持意志的坚定性才能构成行动的主动性。

俞敏洪说：“山丘外，并不一定有人等候，但你一定不会再把自己搞丢。”那么，如何确保自己不迷失方向？那就是坚持梦想，把梦想当成路标。只有路标不倒，我们才能时刻保持清醒，才能真正沿着我们自己选定的道路越过山丘，去触摸梦想的轮廓。

04

动态思维：

不断改变才有人生拐点

雷海为出生于湖南省邵阳市洞口县一个普通家庭，2001 年，20 岁的他中专毕业后进入深圳的一家工厂当电工，随后又去上海从事力工、洗车工、服务员、推销员等工作，是一个挣扎在社会底层的普通人。但是，雷海为从未放弃过学习。2008 年，他通过成人高考进入娄底职业技术学院进修，此时他已经 27 岁，依旧保持着对学习的强烈渴望，但 3 年后，毕业的雷海为并没有找到好工作。在生活的压力下，他选择做一名快递员。

在别人眼里，雷海为的努力学习仿佛成了一个笑话，但雷海为始终没有放弃学习，尤其是对诗歌的喜爱，让他鼓足勇气在 2018 年参加了中国诗词大会。本来，大家认为这个快递员就是重在参与，没想到经过几轮选拔之后，雷海为竟然在第三季诗词大会总决赛上一举夺魁。

原来，雷海为 7 岁时就喜欢上了诗歌，这么多年无论辗转到哪里，无论工作多么辛苦，他都没有放弃对诗歌的喜爱。因为买不起书，雷海为就跑遍各大书店去“蹭书”，还用纸笔把诗歌抄录下来。在别人看来这样做有些“装”，有这闲工夫不如多赚点钱或者休息一下，然而雷海为正是凭借这种热情最终战胜了比自己学历高的对手。

雷海为的坚持和努力终于让他的人生迎来了拐点，凭着深厚的文化基础，他告别了快递员的工作，成了一名全职教师，站在三尺讲台上，向学生讲述中国古典诗词的魅力。

雷海为的人生绝不是一滩绝望的死水，而是一汪流动的活水。他通过坚持不懈的努力改变了自己的人生路径，这给了很多人一个重要启示：用动态思维去看待人生，用动态思维去改变生活，终将有机会迎来命运的拐点。

1

培养成长思维

当我们处于人生低谷时，总会产生安于现状的惯性认知，殊不知这会让我们形成固定思维，而它与成长思维相对立。固定思维即人们相信一个人自出生就带有固定量的才智与能力。一旦被这种思维控制，人们就会习惯于回避挑战、产生认命心理，失去改变命运的可能。事实上，一个人能否取得非凡的成就和他的智商高低没有绝对的关系，重要的是能否打破固定思维，使自己变得更加强大。

成长型思维模式是斯坦福大学心理学教授卡罗尔·德韦克博士在《思维方式：新的成功心理学》中提出的一个信念体系。智力是可以通过坚持努力及专心致志的学习中成长的。通常，具备成长型思维模式的人会认为，有难度的工作可以提升自我的智力和能力，他们倾向于选择能够帮助自己学习和培养新技能的目标，哪怕最初会遭遇失败，他们在面对具有挑战性的任务时也总抱持乐观的态度。因此，培养成长型思维模式是自我实现的重要过程，也能帮助我们找到人生的拐点。

2

重塑自我

改变需要有目标，这才是重塑自我的意义，我们不妨从两个方面入手。

第一，重塑未来的新形象。未来的你将要成为一个怎样的人？言谈举止如何？与他人怎样相处？你将会培养何种生活习惯？是否改变衣着？是否会戒掉不良嗜好？当你试着回答完这一连串问题后，你的头脑中会构建出一个比较清晰的未来形象，而它就是促使你做出改变的模板。因为，一个能够清晰地构想未来的人，最容易做出有利于自己的决策。当我们树立了一个新形象之后，就与一个新身份、新赛道联系起来，这更有助于我们实现目标，完成蜕变。

第二，重新构建朋友圈。当我们的工作和生活迟迟无法改变时，往往也意味着我们现有的朋友无法带动我们、鼓励我们做出改变，那我们可以尝试结交新朋友。最简单的方式是换一个环境、换一种社交方式，比如抛弃酒桌交友的模式，加入付费知识群或参加线下讲座，以此来结识志同道合的人，通过和这些新朋友交往，获得新的知识和经验，同时纠正自己的错误。当然，并非完全放弃老朋友，而要经过筛选，留下对我们做出改变最有帮助的人，那些在我们身边说风凉话的人，就不适合继续交往，他们的“井底蛙意识”会对我们造成负面影响。

3

让自己迎接更多挑战

励志演说家莱斯·布朗说:“生命没有极限，除非你自己设置。”自我设限是成长中最大的阻碍，虽然从心理防御的角度看，自我设限具有一定的自我保护作用，让我们避开一些充满风险的事情，但同时也会抑制我们的潜能发挥，将自己困在设定的框架内，成为精神上的弱者。当然，挑战不是无限地给自己制造障碍，而是应该从小范围内开始尝试，进行小规模试错。

美国作家里奇·卡尔加德在《大器晚成》中指出，让人获得适宜的发展环境的最佳方法就是自己创造环境。挑战自我，就是创造适合自己的新环境，当我们一步步打破现状，才能像雷海为那样带着热情和执着朗诵诗歌，通过不断克服障碍提高能力的上限、增加生命的宽度。

人生只要还未结束，就存在着无数种可能。我们不要成为扼杀每一种可能的刽子手，而是要为最美好、最令人期许的可能提供肥沃的土壤，这样才能拥有主动作为、锐意进取、不断激变的精彩人生。